生命の劇場

ヤーコプ・フォン・ユクスキュル
入江重吉・寺井俊正 訳

講談社学術文庫

目次

凡例

一、原著の〃　〃は、訳書では、会話文を「　」に、書名を『　』に変えた他、用語などの強調の場合は《　》に変えた。ただし、《　》は、原著とは関わりなく、必要と思われた箇所にも適宜用いた。

一、原著の分かち書きは、訳書では、人名を除くそれらの語に、傍点を付した。また、訳者の判断により必要に応じて傍点を付した箇所がある。

一、原著の目次に記された章ごとの詳細な内容紹介は、訳書では、簡潔にまとめて、各章の冒頭に移した。

一、七三頁、一六三頁、二一一頁の図版は、原著に掲載されていたものである。その他の図版、写真は、内容に関係する著作から適宜引用した。

一、訳書には、「人名索引」を加えた。

一、［　］は訳者による註である。ただし、文意を補うために付け加えた語句などには一々付していない。

生命の劇場

精神の苛烈な力が
さまざまな元素を
たぐり寄せれば、
そこで緊密に結び合わされた
二つの界域は、
どんな天使にも分けられません。
ただ永遠の愛のみが
それを解消できるのです。

『ファウスト』第二部
（成熟した天使）

本書に記した対話は、同じクリスティアン・ヴェークナー社刊の前著『自然における不朽の精神』(*Der unsterbliche Geist in der Natur*)で交わされた対話とは、ごくゆるやかな関連しかない。

とはいえ、ここで生命の諸問題について語り合っている人物は、新たに加わった大学理事フォン・K氏を除いては、すべて以前の対話と同一のメンバーである。

ヤーコプ・フォン・ユクスキュル

はしがき

一九四四年六月のはじめに、ヤーコプ・フォン・ユクスキュルは、この著作がほぼ完成している旨の手紙を出版社に書き送っていた。しかし七月二十五日の彼の死後、完成されていたのは最初の八章までで、残りの十ないし十二の章は未整理のままの下書きしか残されていないことが判明した。これらの下書きを仕上げる最終的なプランは実現されるには至らなかったのである。

そこで、私たち、著者の妻と息子の両名は、この残された下書きを新たに編纂し、それによって全体を完結させようと企てたが、この企てはおおむね著者の意図に適いえたものと信じている。両名は、著者の仕事への日頃の協力を通して、また最晩年の著者との語らいを通して、この著作のプランの概略を聞かされていたからである。編纂にあたっては、残された下書きは可能なかぎりすべて採録することとし、ただ同様の記述が反復されている場合にのみ、削除や要約を行なった。

しかし、最後の四章では、個々の思考過程を互いに関連づけるために、それらに補足を加えることがどうしても必要であった。そのさいに心がけたことは、最晩年のフォン・ユクスキュルが主として取り組んでいた独自の問題を浮き彫りにすることであった。すなわち、環世界論を理論的に仕上げようとしていた彼の前には、何よりも、個々さまざまな主体の環世界の相互関係に関する問題が立ち現れていたのである。まったく異なる生物種どうしであっても、しばしば《対位法的》に相互依存し合っているということ、——そうした事実から彼が想定したのは、個々の主体を超えた統一性であり、さまざまな生物の環世界がその統一性の構成要素として相互補完的に結ばれているということであった。ビルツの著書『全体に代わる部分』（*Pars pro toto*）でも提唱された《場面》のイメージが、この統一性を示すイメージとして見出された。そして、すでに以前から繰り返し用いられていた諸概念——《役割》、《役者》、《パートナー》、《渡し台詞》、《総譜》——は、この生の《場面》という、ビルツの概念にすんなりと適合したのである。

　本書の中で述べられた次の信条は、本書を読む上での指針とも見なすことができよう。すなわち、規則に合わせて実例を探し出すのではなく、実例に合わせて規則を探し出すべきである、という信条である。換言すれば、本書の読者に求められるのは、まず何よりも、そこに提示された豊富な具体的事実に目をとめること、そして自然が示すそれらの実例から出発して、そうした自然の事象の理解を可能ならしめる諸規則を、著者とともに探し出すこと、——言わば、そういう道を辿ってゆくことである。

　この道は、しかしまた、あらゆる自然科学がとるべき唯一真なる道でもある。すなわち、自然科学は、自然現象を先入観によって性急にねじ曲げるのではなく、それをあたうかぎりそのまったき充溢のままに観察し、その観察の成果に即して、さまざまな理論や仮説の有効性を確かめていくものでなければならない。そしてこうした方法の前提となるのは、自然現象が私たちの立てる規則の尺度となり、けっしてその逆に、自然科学の規則が自然の尺度を与えうるのではない、という自覚に他ならないと言えよう。規則に合わせて実例を探し出すのではなく、実例に合わせて規則を探し出さねばならない、という右の信条は、このように見れば、ヤーコプ・フォン・ユクスキュルの方法の核心を、そしてまた、この方法によって彼が達成した成果の所以《ゆえん》を、含意しているのである。

一九五〇年二月二十七日　ミュンヘンにて

グートルーン・フォン・ユクスキュル
トゥーレ・フォン・ユクスキュル

第一章　訪　問

動物学と生物学の対立　動物学の世界観―宇宙から自我へ　世界機構、反射、原因と結果　生物学の世界観―自我から宇宙へ　環世界、主体、意味　ダーウィンとヨハネス・ミュラー　ハクスリーの比喩　自然の外側の観点と自然の内側の観点　プラトンのコスモス―生ける存在としての宇宙

今年もまた、宗教哲学の研究者であるフォン・W氏が、海辺の彼の邸宅に私たちを招待した。私たちとは、例の画家と動物学者、および生物学者である私の三名である。

私たちは到着後すぐに、彼から、翌朝いっしょにある人を訪問する予定であることを聞かされた。ある人とは、近くに住む農園主で私たちの州の大学理事でもあるフォン・K氏という人で、フォン・W氏の話では、私たちが到着次第この人のもとへ案内し、終日学問的な討論をして過ごすことを約束した、とのことであった。

こうして私たち四人は、とある六月のすばらしく晴れ渡った日に、二頭のみごとな黒馬が

引く快適な幌馬車に乗り込んだのである。

馬車は、海辺から内陸のほうへと向かい、広大な干し草区域を通り抜け、それから美しい混交林の中を優に一時間あまり走りつづけた。その混交林を出ると乗馬用の庭園が現れ、そしてそのはずれまで来たとき、私たちの目の前には一幅の絵のように優美な光景が開けた。

静かで緩やかな流れをたたえた川。がっしりとした石の橋脚に支えられた幅の広い木橋。そしてその向こうに姿を見せた三階建ての立派な館は、広々とした庭の一面の緑の中で、それだけが淡黄色に浮かび上がっていた。馬車は広い芝地を迂回して傍らに並び立つ農舎群のそばを駆け抜けると、館の簡素な玄関の前で止まった。

制服を着た一人の家僕が私たちを出迎え、「閣下はご自分の書斎でお待ちになっておりま す」と告げた。書斎に向かう途中でフォン・W氏が語ったところでは、この閣下という称号は、理事との個人的な交際ではほとんど使われないとのことだった。また、ここへ来るまでの馬車の中では、フォン・W氏は動物学者にこう尋ねていた。「あなたがいまの大学へ招聘されたのは、もっぱらあの理事のお蔭だということをご存じですか。あの人は神学部がこぞって反対していたにもかかわらず、あなたの招聘を実現させたのです」——それに対する動物学者の返事はこうであった。「理事にはとても感謝しています。ちなみに、あの人は動物学界では名の通った人物なのです。彼は若い頃に脊椎動物の分類学を研究して、種の定義に関する独創的な著書をあらわしましたが、その著書は今日でもなお重要な文献と見なされています」

私たちは、ちょうど床の張り替え作業が行なわれていた玄関の広いホールを通り抜けて、ゆったりとした階段を上がっていった。

大学理事の書斎は吹き抜けの階段ホールに面していた。書斎にはメルクリウス（ヘルメス）神を描いたすばらしい複製画が飾られていた。奥行きの深いその部屋の一番奥に、一脚の大きな机があり、机の上には右に地球儀、左に天球儀が置かれていて、厳かな趣を漂わせていた。

理事は椅子から立ち上がって、にこやかに私たちを出迎えた。彼は恰幅のいい白髪の老人で、気品のある顔だち、とりわけその青い瞳の輝きが印象的だった。

彼は私たち一人一人と握手を交わすと、机の前のゆったりした肘掛け椅子に座るよう勧めた。それから、二つの球儀を指さしながら、次のように語り始めた。

「ご覧のとおり、私はここでは天と地のあいだで仕事をしています。私は大学理事としての任務を果たすために、つねに天と地の事柄に対して等しい距離を保つよう心がけているのです。ですから、今日は、動物学と生物学のあいだで生じたような著しい対立について、それぞれを代表する方々と親しく論じ合うことができればと、大いに期待している次第です。

さて、早速ですが、これからの議論を進めるにあたって、まずその基本となる事柄を押さえておきたいと思います。そのために、はじめに私のほうから、動物学者たちの一般的な世界観を述べることにしましょう。もし私の言うことが不適切であれば、そのときはどうかすぐに指摘して下さい」

そう言って彼は動物学者のほうを向いた。

「言ってみれば、私はあなたの前で一種の口述試験をお受けするわけで、のちほど宜しくご判定をお願いしたいと思っています。

さて、宇宙の成り立ちとして、まずそこで言われているのは、《はじめに神は天と地とを創造された》という聖書の言葉ではなく、今日の天文学と同様の次のような見解です。すなわち、宇宙には《はじめ》というようなものはなく、永遠の昔から、いくつもの高温の恒星が、互いに干渉し合わないほどの距離を置いて回転していた、——そうして、それらの恒星から成るこの広大な天体装置は、永劫から永劫へと何の支障もなく運行していた、ということです〔定常宇宙論〕。

ただあるとき一度だけ、ある偶然によって、一つの天体が私たちの太陽に接近しました。太陽はその天体の引力を受けて高温のガス状の輪をもぎ離され、やがてその輪はいくつかの灼熱の玉に分散しました。そしてそれらの灼熱の玉が、そのとき以来、惑星となって太陽のまわりを回ることとなったのです〔潮汐説〕。

このちょっとした突発的な出来事は、世界装置の運行にとってはまったく取るに足りないものでしたが、しかし太陽から切り離された惑星の物質にとってはそうではありませんでした。すなわち、それらの惑星の一つは冷却するさいに周囲に気圏を作り出しましたが、これによって極寒の星間空間から遮断されたその惑星は、かなり冷却した段階で一定の温度を維持することになりました。そしてその結果、その惑星の物質は、整然とした結晶とはならずに、いまやありとあらゆる化学的な組成や物理的形態を呈し始め、ついにはその一部は、私たちがまさに生命と呼んでいる絶え間ない物質代謝を始めるに至ったのです。

さて、生命に満たされた、不断に変化する諸形態は、相互に絶え間なく争いを始めましたが、やがて《生存闘争》を勝ち抜くのにもっとも適応した形態が、さまざまな植物種として――変異の可能性を残しつつも――持続的な形をとるに至りました。

一方、その物質代謝において植物よりもより大きなエネルギー量が蓄積されたものは、動物となって、はじめは単純な、それからますます複雑となる運動を始めました。そしてこの動物の場合も、次第に多くの発達した形態が確立し、それらは大小さまざまなメカニズムとして多様な生存を送ることとなりました。

あらゆるこれらの動物機械は同じ原理で作られていました。つまり、それらは単純にせよ複雑にせよ、《反射》によって動いており、外界からのどんな作用も、化学的もしくは機械的な反作用によって適切に応答されていたのです。そしてその反作用が適切であったのは、あらゆる不適切な反作用が生存闘争によって除去されたからで、こうしたことは《適者の淘汰》と言われています。これらの反作用のすべては一つの単純な定式に還元しうるものでした。すなわち、生命機械は刺激源に向かっていくか、あるいはそれから遠ざかっていくかというもので、その応答はどんな場合でも、正の《趨性》か負の《趨性》であったのです。

ところで、ここまでの段階で留まっていれば、すべては再び機械的な常態に復していたはずですが、しかしどうしたことか、人間がそこへ紛れ込んできました。そして、その祖先同様の単純素朴な反射機械とはならずに、外界の大半の作用に対して感覚によって応答することに固執し始めたのです。――こういう次第ですから、将来はこれらの感覚もやがて消失して、人間の行動が正常に、つまり反射によって、進行することが期待されるわけです。目下のところ、この意識性を伴う感覚の登場は油の切れたドアのきしみを思わせるものであり、実際、このきしみはまったく不必要なものです。なぜなら、行動というものは、本来私たちの大脳内部の化学的変化にのみ対応したものだからです。

天文学者のなかには、人間というものを、結局のところ、あの天体装置の一回かぎりの異変がもたらしたきわめて好ましからざる所産であると公言する人もいますが、いま述べたような見方からすれば、それももっともなことになります」

理事のフォン・K氏はそう言って説明を終えると、動物学者に尋ねた。「さて、ここで私はあなたのご判定をお伺いします。私の説明は及第でしょうか」

動物学者は答えて言った。「もちろんですとも、理事さん。私にしたところで、動物学者たちの一般的な見解をこれほど的確には言い表せないことでしょう。最後に締め括りとしておっしゃったことは、あの地球儀と天球儀を見れば、まさにそのとおりだと思わせるものがあります。星々がひしめく天体にあって、一体地球はそのどこにあると言うのでしょう。銀河のどこか端の方にある、目立たないちっぽけな点にすぎません。ここにだけ生命が、すなわち、世界というメカニズムのなかの出来の悪い一形式が存在しているのです。そしていまや地球儀に目をやれば、目には見えないほど小さな点として蠢《うごめ》いている生物のなかの、そのまたごく少数派である《人間》だけが、世界機構全体の唯一の例外であるかのように振舞っていることが理解されるでしょう」

「そしてそのような例外は、十分な根拠をもって無視することができるのですね」と、フォン・K氏が言った。「ともあれ、これが、ただいまご承認いただいたように、動物学の主張であるわけです。さて、そこで今度は、これと対立する生物学の主張のほうに移りましょう」

ここで彼は私のほうを向いて次のように言った。

「あなたの説に対する私の理解が間違っていなければ、生物学は動物学とは逆に、個々の主体から出発する道をとるようです。つまり、宇宙から自我へではなく、自我から宇宙へと向かう道です。あなたは、生物のどんな自我も、その感覚器官を用いてそれぞれ独自の世界を作り出していると主張されています。そしてその独自の世界を《環世界》と呼んでおられます。あなたの説によれば、環世界の特色をなしているのは、それが主体にとって意味のある事物しか含まないということです。そこでは、主体に関わりのないものはいっさい無視され、何の役割も果たしません。

あなたのお考えでは、専門学者もまた、この規則の例外をなすものではありません。彼らは自分たちに都合のよいものだけに注意を払うからです。そう、彼らの振舞いは、机の上を歩き回るハエと同然なのです。ハエにとっては、マッチ箱を踏んでいるのか、それとも封蠟を踏んでいるのかは、まったくどうでもいいことであって、開かれた書物の頁の上をうろつく場合でも、その黒い文字からは何の印象も受けません。あなたのあまり好意的でないご意見によれば、専門学者は自然という神の机の上で、このハエと同様の振舞いをしている。彼らはもっとも重要なことでも、それによって食指を動かされなければ、見すごしてしまうからです。

ところで、そのもっとも重要なこととは、まさに環世界であり、環世界の相互の浸透ならびに相互の結びつきということです。どんな事物も、事物のどんな性質も、何らかの環世界の中ではそれなりの意味を有している。そして、こうした意味を認識することが生物学の課題となります。それに対して、動物学者たちはもっぱら生物体の機械的な構造のみにかかずらい、原因と結果のみを尋ねて、意味に対しては何らの関心ももたない。彼らは自然の筆跡の意味を尋ねようともしないで、その上を素通りしてしまっている、――そのように見なされるわけです」

ここで私は強い調子でこう言った。「実際そのように考えるべきではないでしょうか。仮にある君主が、その国で発見された一枚の古い絵画を調査するよう学者たちに命じたとしましょう。そしてその命を受けて、一部の学者たちはその絵がブナ材の上に描かれていることを探り出し、他の学者たちはその顔料がこれこれの植物種から採られたものであることを解明したとします。さて、そこでその王が、学者たちは絵画に何が描かれているのかという問いには全然答えていないという理由で、彼らを国から追放したとすれば、これは当然のことではないでしょうか」

そのとき動物学者が声を上げて言った。「まさにそうした点なのです。私たちが生物学者たちに批判を向けるのは。すなわち、彼らが事実に即した専門家の仕事を軽視して、何か神的な働きのようなものの思弁に耽っているという点です。自然の中に認められるのは神学的な教訓ではなく、きわめて非道徳的な生存闘争であることは、すでにダーウィンによってまったく明白に証明されているというのに、です。もしあなたの言うとおりだとしたら、自然研究者は、厳密な研究ではなく、自然礼拝を行なわなければならないことになります」

私は答えて言った。「あるいはそうかも知れません。ともあれ、ドイツ最大の生物学者ヨハネス・ミュラーが要請したのは、まさにそのことに他なりませんでした。彼によれば、厳密な研究は、その成果が神的な自然の賛美に仕える場合にのみ意義があるのです」

動物学者が言った。「しかし、さいわいにして私たち動物学者は、もはやそのような考えは乗り越えてしまいました。私たちの目標は自然の認識であって、それ以上の何ものでもありません。私たちは地道に仕事をするだけで、賛美歌の歌い手なんかではないのです」

私はこう応酬した。「で、その地道な仕事によってあなた方は何をしたと言うんです。あなた方は、たんに自然からその神性を剝奪しただけではなく、さらにはこの自然を、暗闇のなかを手探りして回るような愚かしい存在に——あれやこれやの試みを繰り返しながら、しかもその大半が失敗に終わり、数百万年の年月を経てようやく二、三の試みだけが成功する、といった愚かしい存在に、貶めてしまったのです」

動物学者は答えて言った。「実際、自然はそのとおりの存在なのです。ハクスリーの有名な比喩を思い出して下さい。彼はサルの群れに山と積み上げた文字を与えてやり、数千年、あるいは数百万年かけて文字を並べ替えさせてみる、ということを想定しました。彼によれば、サルはまったく何の思慮もなしに並べ替えるにもかかわらず、いつしか大英博物館の蔵書がまるごと出来上がるだろう、ということです」

私は反論して言った。「あなたはハクスリーの論証の誤りに気づいておられません。彼は意味のあるものが、完全に無意味なものから無意味なやり方で成立しうることを示そうとしました。そのために一冊の書物をばらばらの文字に解体し、その上でそれをサルの手によって組み合わさせれば、その偶然の組み合わせのなかから、ついにはもとの書物が出来上がるだろうとしたのですが、彼がそのさいに見落としていたのは、それが英語の書物であること、そしてそれが英語にとって意味のある単位、すなわち英語の文字で組み立てられているということです。しかし同じ単位を使って、たとえばギリシア語の書物を作り上げることは不可能なことです。仮にこうした不都合を免れるために、文字そのものをさらに切り刻んで、英語の文字もギリシア語の文字も作れるような単純な線を代わりに用いるとしたら、あらゆる方向に結合可能なこれらの無意味な単位からは、有意味なものは永遠に成立しないことでしょう」

理事はいかにも嬉しそうに私たちの議論に耳を傾けていたが、そのとき次のように割って入った。

「具体的な論拠を示して行なわれる論争は、私にはいつもたいへん愉快なものです。ところで、そうした論争がどうしても合意に達しないような場合には、私はこう自問してみるのです。ここで異なる見解を主張している両者は、それぞれ別な観点から出発しているのではないか、それがゆえに論争の対象の見え方が必然的に異なってくるのではないか、と。そしていまのお二人の論争は、まさにこのことが当てはまるケースであるように思われます。天文学者であれ化学者であれ動物学者であれ、あるいは物理学者であれ化学者であれ、これらの専門学者は、彼らが取り扱う自然の外側に立っています。彼らは自然という客観を観察する主観であり、自然界の客観的対象を特定の方法を駆使して徹底的に調査します。彼らは客観に即した判断を求めているのだと言えましょう。

ヨハネス・ミュラー
(1801-1858)

一方、生物学者たちはそれとは異なっています。生物学者は、全自然が彼ら自身の感覚から構成されているものと考えています。彼らは自然の内側に立っており、自然に関して彼らが下すあらゆる判断は、彼ら自身に跳ね返ってきます。彼らに感覚器官を与え、判断力を授けたのは、まさに自然に他ならなかったのですから。自然を愚かで無意味だと称することは、生物学者にはばかられることでしょう。その前に、彼らは自らに次のように問いかけることでしょう。すなわち、愚かなのは私自身ではないのか、と。あるいは、ここにおられる生物学者の言葉を使えば、自然が私にとって不可解であるのは、たんに私が偏狭なハエの分別を――神の机を認識するのに不十分な視野の狭い分別をしかもち合わせていないからではないか、と。

自然は、生物学者には、幾重にも錯綜した環世界の問題となって現れます。それは、せいぜい交響楽との比較によって理解されうるような問題、あるいはビルツが試みたように、不断に反復される《生の場面》から成る一つの巨大なドラマと見立てることによって、ようやく理解されうるような問題です。この生物学的な世界理解には、ですから、どうしても整然とは捉えにくいところがあります。一方、機械論的な世界観は明快で整然としており、世界を統べているのは、そこでは、根本的には原因と結果の、つねに同一の法則です。この法則はしかしまた、世界を外から眺める場合にはそれで足りるかも知れませんが、逆に自然を内側から見る場合にはまったく不十分なものです。この内側の観点からすれば、世界の出来事は意味によって解明されるのであり、因果関係によってばらばらに切り刻まれるものではありません。

さて、お二人はこのようにその観点が異なっているのですが、二人に共通の新しい出発点を獲得するために、私はここで一つの提案をしてみたいと思います。それは、宇宙を一個の生ける存在であるとしたプラトン流の世界観に遡ってみてはどうか、ということです。

この生ける存在という見方は、星の循環運行に対して、そのメカニズムを損なうことなく、真の統一性を与えてくれるのではないでしょうか。またそのように見れば、好都合な温度とともに生物が登場したことは、もはやそれほど不測の事態ではなく、たんに内的な生命の当然の帰結を示すものだということになるでしょう。

一方、生物学者たちのほうの世界像は、難なくこうした枠組みに合わせることができるのではないかと思います」

第二章　昼食の食卓にて

大学の使命　正義感―プラトン　同情心―キリスト教　至高の教育としての研究　モザイクの問題―全体と部分

家僕がドアの前に姿を現して、食事の支度が整ったことを伝えた。

「この辺で一休みしてはいかがでしょう」理事はそう言うと、階段ホールを通って大広間へと私たちを案内した。大広間では、そこに掛けられていた幾点かの皇帝の肖像画について簡単な説明をしてくれたが、画家はそれを聞きながら、しきりにそれらの絵のすばらしさを褒めたたえた。

それから私たちは、ゆったりした安楽椅子が置かれ、壁にはルーベンスの華麗な狩りの絵が掛かった小さな客間を通り抜けていった。

昼食は木造の広いバルコニーに用意されていた。このバルコニーからは館の庭園が一望のもとに見晴らせた。広々とした芝生は、その両側を、ところどころに花の咲いている灌木で縁取られていた。正面の奥は、丈の高いカラマツとモミの木で区切られ、その手前には池の面がきらきらと輝いていた。庭園の彩りの中心をなしているのは《生命の木》とも呼ばれる大きなクロベ属の木で、青々とみごとに生育したその木は、庭の景観の中央に円錐状に屹立していた。

理事のフォン・K氏と画家のあいだで美術としての造園術についての活発な議論が交わされるなかで、簡素な昼食が始まった。

やがてフォン・K氏は理事としての仕事のことを話題にした。

「あらゆる大学理事が自らの責務と感じているのは、若い学生諸君を、国の将来を託すに足るような人材へと育て上げることです。

私はロシア人の同僚たちと、次の二点に関してただちに合意しました。第一は、学生諸君があらゆる不正に対して純粋な憤りを感じるようになってもらいたい、ということで、同様のことはすでにプラトンが要求していました。第二は、隣人に対していつも手を差し伸べようとする気持ちを培ってもらいたい、ということであり、これはキリスト教の教えの根本をなすものです。ちなみに、ロ

《生命の木》（クロベ属）
球果を付けた小枝（左）

シア人が不幸に対する同情心に富んでいるのは、教会の庇護のもとで育まれた賜物なのです。

第三の点、これを私はゲルマン的と名づけたいのですが、しかしこれについては、私はいくつかの激しい反駁に晒されなければなりませんでした。——私は大学というものは他の教育施設とは根本的に異なったものであると考えています。大学の建物の正面に掲げるべきは、《教育と研究のために》ではなく、《至高の教育としての研究のために》という標語であるべきでしょう。大学で学ぶ者が努力すべきことは、すでに出来上がった知識の修得ではなく、知を拡充することなのです。

患者をただ教科書どおりに治療するような医者は、医者ではありません。どんな患者からも、医者はそのつど新たな研究目標を受け取り、その知識を拡充してゆくべきです。同じことは、依頼人一人一人の問題を、そのつど新たな法律上の問題として捉えるべき法律家についても言えます。また、このような要請は、もちろんあらゆる聖職者にも当てはまるものです。聖職者は一人一人の人間の魂が、神と直接繋がるものであることを自覚していなければなりません。聖職者の務めは、この上ない畏敬の念をもってこれらの魂に耳を傾けることであって、陳腐なお説教をして信徒を退屈させることではないのです。

ところで、こうした知の拡充は研究の自由なしにはありえませんが、しかし私のロシア人の同僚たちは、これには激しく反対しました。彼らはその理由として、何よりも哲学のことを引き合いに出し、ロシアの青年たちをたぶらかして危険な道に迷い込ませたのは哲学であり、あらゆる国家の基盤を揺るがすニヒリズムは哲学のせいだと主張しました。私は彼らに対して、哲学というものは生命に対する自分勝手な要請を理論的に正当化するようなものではなく、逆に生命が個々人に対して要請するところを、ある神的な力として解明するものだということを説明しようとしましたが、いくら説明しても聞き入れられませんでした。

生命についてのこうした考え方は、あまりにもゲルマン的な考え方であるのかも知れません。ロシア人に納得されえないのは、おそらくそのためでしょう。しかしこの考え方は、先ほどお話ししたプラトン的な生命の理念にもとづいているのです」

館の主人の話がはずむなか、私たちはたいへん快適な食事を楽しんだ。食事が終わった後、フォン・K氏は、玄関ホールに預けた私たちの帽子とステッキを取りに行くよう促した。川の畔にあるあずまやにコーヒーを運ばせたとのことだった。

私たちがホールに入ったとき、館の主人は方々に積み上げられた色とりどりの小石を指し示した。イタリア人の職工たちがそれらの小石を床の上に丹念に繋ぎ合わせて、何かのモザイク模様を描き出していたが、主人の説明では、その模様は領地の古い地図を模写したものだった。

彼は動物学者に向かってこう言った。「仮にこのモザイク模様が完成した後で、そこに用いられた小石を再びばらばらに引きはがして、それを例のサルの群れに手渡し、アト・ランダムに組み合わさせたとします。その場合、たしかにもとの模様が再び出来上がらないとはかぎらないでしょう。しかしそれはただ、それらの小石がまずもって全体の部分であったからであり、模様の構成要素であったからです。それに対して、もし偶然に寄せ集めた、全然関連のない小石が与えられたとしたら、もとの模様が再び生じることはまったくありえないことです。というのも、そのときのモザイクの石は、もはや全体の部分ではなく連関を欠いた断片であって、そのような断片からは、中途半端な代物は作れても、計画にもとづいた作品を生み出すことはできないからです」

私たちが戸外に出たとき、画家が空を指してこう言った。「そのことを裏づける証拠が私たちの目の前にありますよ。あの雲ははるか大昔から、青天井に一つの絵を描こうと苦心を重ねています。けれども、雲が描くことができたのは、ありとあらゆるものを想起させはするものの、けっして確固とした形態とはならない、永遠に移り変わる現象以外の何ものでもなかったのです」

第三章　あずまやにて

実用品　形式と意味、ゲシュタルト　素材の規則と意味の規則　器官と装置　知覚標識　四つの機能環―媒質、敵、獲物、性の　パートナー　生命のないメカニズム（客体）と生きた器官（主体）　ヘルムホルツ　外部光線と視覚光線　生命の現実―生物学の課題　生物学的局面とパラ生物学的局面

私たちはにぎやかに語らいながら、川の畔のあずまやに辿り着いた。そこからの魅惑的な光景は、一方を堂々とした橋で、他方を館の一族の墓所の黒ずんだ木立で縁どられていた。あずまやの中央に丸いテーブルがあり、白いテーブルクロスの上にはきらきらと輝く銀のコーヒーセットと白磁のコーヒーカップが並べられていた。テーブルの片側には高い背もたれのある緑色のベンチが置かれていたが、その背もたれは、座部の雨よけ用に、上半分が蝶《ちょう》番《つがい》によって折りたためるようになっていた。テーブルのまわりには、さらに何脚かの、鉄製と木製の簡素な椅子が配されていた。

大学理事はそれぞれのカップにコーヒーを注ぐと、腰を下ろして砂糖を入れるよう勧めた。それから、中断していた論議を再開してこう言った。

「ハクスリーの比喩はたしかに間違ったものですが、しかしそれはそれとして、彼には一つの功績を認めなければなりません。それは、生物を理解するための手立てとして実用品を取り入れたということです。実際、この実用品というのは、多くの有益な知見を与えてくれるものです。たとえば、このテーブルのまわりの椅子に目をやってください。これらの椅子についてどんなことが言えるでしょうか」

即座に答えたのは画家だった。「これらはそれぞれ別な素材で出来ています。しかしまた、そのどれもが座るために用いられます」

「あなたは重要なポイントを的確に捉えられました」と理事が言った。「椅子は二つの異なる規則に、すなわち、素材の規則と座ることの規則に従っています」

「一方は物質の規則であり、もう一方は形式の規則です」と動物学者が付言した。

「ただし、形式とは言ってもたんなる形式ではありません」と理事が応じた。「座ることを可能にする形式の規則なのです。一定の機能によって規定された形式を、私たちはゲシュタルト（形態）と呼んでいます」

「つまり、ゲシュタルトとは、一定の意味をもった形式であるということです」とフォン・W氏が言い添えた。

「同じことは生物についても言えるでしょう」と画家が声を上げた。「生物もまた、素材の規則と同時に意味の規則にも従っています。なぜなら、生物はすべて明確に規定されたゲシュタルトをもっていますからね」

そこで理事が私にこう尋ねた。「まず素材の規則ですが、動物におけるこの規則はどのようなものでしょうか。椅子の場合、その素材はさまざまですが、動物の場合は、同一種の個体はすべて同じ素材から出来ているのではないですか」

私は答えて言った。「私たち生物学者の知るかぎりでは、そのとおりです。もっともこれは、生物学者よりはむしろ生理化学の学者たちが関心を寄せている問題ですが。ともあれ、ここで興味深いのは、そうした素材が、同時に、種の生に固有の意味をも併せもっている場合があるということです。ウニにその一例が見つかっています。すなわち、ウニはものを勢いよくつかまえるはさみ状の捕食叉棘《さきよく》をもっていて、これは本体の薄い皮膚をした管足にとっては非常に危険なものです。けれどもこれらの管足は、叉棘が食いつくのを妨げる、ある皮膚物質によって保護されているのです。もしこの物質が熱湯によって分解されれば、捕食叉棘はただちに管足につかみかかります。このことは次のような実験によって確かめることができます。まず、ウニのふつうのとげを一本切り取って捕食叉棘に差し出すと、叉棘はほんのちょっと触れるだけです。次に、そのとげを熱した海水に浸けてから差し出すと、そのとげはウニ以外のあらゆる事物と同様に、ただちに叉棘に襲われ、しっかりと捕えられてしまうのです。この実験は、同一種のウニの他の個体のとげを用いても同じ結果が出ます。ここから明らかなことは、同一種のウニの個体がある同一の特殊な物質によって覆われているということであり、私はその物質を《アウトデルミン》(Autodermin 皮膚自己物質)と名づけました。そしてこの物質は、ウニにとっての保護物質の役割を演じているのです」

理事がつづいて次のように言った。

「では次に、もう一つの規則に移りましょう。生物の場合、私たちはゲシュタルトの同一性を基準にして生物の種を定義していますが、一方、実用品の場合は、意味が同一であることだけに注目し、形式の同一性には注意を払いません。簡単な台所用腰掛けであれ、豪華な肘掛け椅子であれ、椅子は椅子です。座るための設備としてのその意味が、同一の家具と見なす決め手になるのです。

ところで、生物においては、私たちはしばしばそのゲシュタルトの意味を一義的には決めかねることがあり、それがために、実際には、同一の形式を拠り所にして同一種に属していることを決定しています。

このことは、同じ実用品がいろいろな意味をもつような場合を考え合わせてみれば、面白いと思います。たとえばこのベンチがそうです。このベンチは、まず何よりも人々が座るための設備であり、したがってベンチという種類に属していますが、しかし同時にこれは雨よけでもあり、それによって屋根に似たものともなります。

この二重の機能を明瞭にするために、このベンチを椅子にして屋根であると、――つまり、相互に入れ代わりながら、しかもそれぞれ別々の意味を保持している椅子にして屋根の二つの装置であると、見なすこともできるわけです」

そこで動物学者がこう言った。「たしかにおっしゃるとおりです。同様に私たちは、一匹のイヌについても、その四肢は歩行装置であると同時に胴体の座る装置でもあると、言うこともできるでしょう。ちなみに、動物の《器官》というのは、このように《装置》と言い換えたほうがはるかに適切であるように思いますね。生物学者たちの言う《知覚器官》や《作用器官》も、《知覚装置》や《作用装置》という言葉に改めるべきではないでしょうか」

フォン・W氏が笑って言った。「それはどうかな、そのほうがあなたには都合がいいのでしょうが。生命の痕跡を完全に締め出して動物の身体を論じられるわけですから。しかし《器官》というのは、何と言っても、生きたものであって、《装置》とは違います。《装置》とは死んだものです」

動物学者がにやにや笑いながら言った。「一体、眼と光学装置とはどう違うと言うのでしょうか。現に、眼は光受容器とも呼ばれていますよ。そしてこれは、ここにおいでの生物学者のご提言によるものです」

私はこれに対して次のように言った。

「ちょうどよい機会ですので、このさい、私が以前おかした誤りについて一言釈明しておきたいと思います。ベーアとベーテと私は、かつてある論文で、動物の感覚生理学に客観的な命名法を導入するようにと提言しましたが、その頃はまだ一般に、動物には人間的な感覚があるのだと見なされていました。ケナガイタチの残忍さとか、アリの絶望とか、繊毛虫の心的生活といったことが語られていたのです。しかし、実際に私たちが知りうるのは、ただ私たち自身の感覚だけであって、動物に帰された感覚はいずれも証明不可能な類推にすぎませんでした。それゆえ私たちは、研究者は客観的に証明しうる事象から逸脱すべきではなく、動物の感覚器官は、これを機械的な器具のように取り扱い、かつそれにふさわしい名称を付けるべきだという提案を行なったのです。すなわち、外的刺激の受容をこととする感覚器官は、すべて《受容器》と名づけるのがよい。その外的刺激の種別により、光の受容器、音の受容器、匂いの受容器、というふうに呼ぶべきだ、と。

しかし私たちはそのさい、器具と器官の根本的な違いを見落としていました。たとえば写真機という器具は、たしかに乳白ガラスの上に外界の像を結ぶことはできますが、しかしこの像を外部の空間に移し入れることは不可能です。ところが、眼をもったあらゆる動物にはこれが可能なのであって、そのことは、すばやくカを捕えるトンボや、釣り針の餌に食いつく魚や、また私たちの手から角砂糖を食らうイヌを見れば、明らかです。

一体、私たち人間においては、その感覚は外部へと移し入れられ、私たちを取り巻いている事物のメルクマール、すなわち《知覚標識》となります。そして、私たちはこの知覚標識を、それが私たちの関与がなければまったく現れえないものであるにもかかわらず、事物の性質と見なして、事物そのものに帰しているのです。

同じことは動物とそのまわりの事物との関係についても言うことができます。動物の主体は、従来私が繰り返し説明してきたように、その当の主体にのみ属している環世界の中に生きていますが、そうした環世界を満たしている事物は、同様に、動物の感覚器官によって外部へと移し入れられた知覚標識から構成されているのです。これでお分かりのように、動物の知覚器官を、たんに《受容器》と言うだけで済ませたり、まして《知覚装置》などと呼ぶのは、もはや私にはとうてい受け入れがたいことです」

そのとき理事がこう言った。「ただその場合、人間はやはり動物の感覚を知りえませんし、当然また、その環世界の諸事物を構成している知覚標識も与えられてはいません。ですから、それらの事物を探り出すためには、何か特別な方法が必要となるのではないでしょうか」

私は答えて言った。

「それはたいして難しいことではありません。動物とその環世界の事物との関係は四とおりあり、簡単に区別できます。すなわち、環世界の事物は、媒質［生活の場となる物質］、敵、獲物、そして性のパートナーに分かれるのです。ですから、ある動物の環世界の諸事物に接近しようとするには、まず、諸事物がその動物にとって、これらの関係のいずれを示しているのかを問えばいいわけです。そして、客体の主体に対するこの関係、つまり意味関係が突きとめられたならば、次には、その動物の活動をつぶさに観察することによって、その客体の構造を子細に探ってゆくことができます。

ダニにとっての獲物は、哺乳類の汗の匂い、その毛による抵抗、およびダニが突き刺す皮膚の温かさから構成されています。

ミミズは防御と食物の二重の意味から、シナノキ（リンデンバウム）の葉を穴の中に引き入れますが、このシナノキの葉は、形を知覚できないミミズにとっては、葉の先端の味覚と葉柄《ようへい》の味覚とから構成されています。この味覚の区別のお蔭で、ミミズは葉の先端を選び分け、その先端のほうからスムーズに狭い穴の中へ巻き込むことができるのです。

ウニとイタヤガイの共通の敵であるヒトデは、ウニの環世界では粘液の味覚によって識別され、イタヤガイの環世界では、その眼点に映ったゆっくりとした動きによって識別されます」

そこで理事がこう言った。「つまり、ある動物の環世界の中で何らかの役割を果たしている諸事物の意味は、もっぱらそれらの事物の、媒質、敵、獲物ないしは食物、および性のパートナーとしての関係によって捉えることができ、そしてこの関係をさらに子細に調べていくべきだ、ということですね。そうであれば、同じ石が、ある動物の環世界では障害物であり、別の動物の環世界では通路とされている、といったことを容易に想定していくことがで

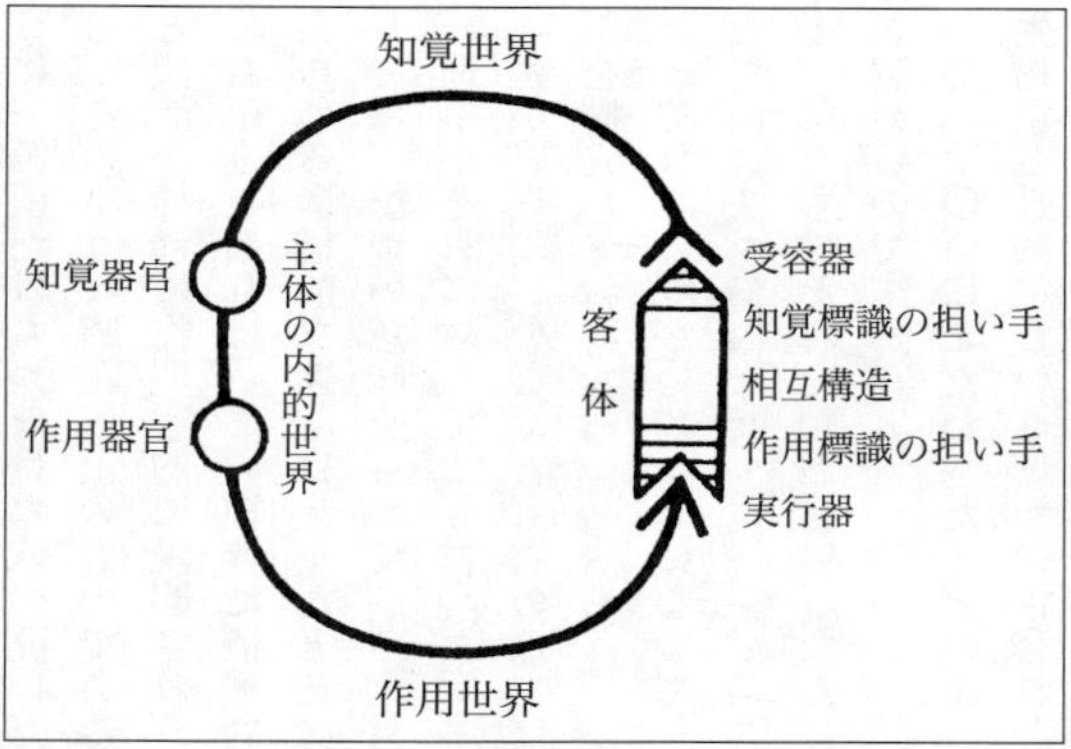

《機能環》

きるわけです。また、いまおっしゃったことから言えることは、私たちは主体のこれら四つの《機能環》のいずれかに受け入れられた事物のみが意味を有していると見なし、そしてそれのみをゲシュタルトとして取り扱わねばならない、ということです。つまりは、ただ生命のみがゲシュタルトを生み出すのであり、したがってまた、生物はゲシュタルトを生み出すゲシュタルトである、と」

動物学者がこれに抗議して言った。

「私はそれに対して異議を唱えずにはおれません。私たちの眼から視覚空間に移し入れられた像を機械的なものと解するのは、なるほど困難なことでしょう。しかしそれに対して、眼球の水晶体によって網膜の上に結ばれた像は、これは確実に物理学的な所産なのです。たとえ像を写し出すその器具が、多くの下等動物の眼のように一箇所だけちっぽけな穴の開いた一つの暗箱——おそらく何かの偶然の産物と考えられる、そのような暗箱以上のものであるとしても、しかしそれにしてもこの器具は、その構造と機能が純粋に物理学的に説明されうる一つの事物であることに変わりはないのです。お望みとあれば、この純粋に機械的な機能のことを、それの意味と呼んでも構いません。あらゆる機械的な連関は——たとえば環を交互に繋いだだけの鎖であっても——、そのかぎりでは、一つの意味をもっていると言えますからね」

理事がそれに対してこう言った。

「私が思うに、少なくとも次の点では私たちは合意することができるでしょう。すなわち、鎖を構成している一つ一つの環は、それだけではまだどんな意味ももっていないということ、それらの環がいっしょになって一定の重量を担うときにはじめて、一つのメカニズムとしての意味を獲得するということです。環の機械的な連関が明らかになったときにはじめて、私たちはそれを鎖と言い、たんに一つの形式ではなく一つのゲシュタルトを有するものと認めるのです。

これは瑣事にこだわったことのように思われるでしょうが、しかしそうではありません。生物学と動物学という二つの相容れない世界観の境界がどこにあるのかを問題にしているのです。

種の物質的な起源に関する学説は、相互に独立した個々の要素を想定することから出発しますが、それによれば、個々の要素は、鎖の環のように、はじめはどんな連関ももっていません。そうした連関はたび重なる変異を通して作り上げられてゆきます。やがてその連関は、一つのメカニズムとしての真価を発揮し、それゆえ生存に適した意味を帯びることによって、生存闘争のなかで優位を占めていくこととなります。そして、こうしたメカニズムとしての機能を受け継いだ後裔のみが、世代から世代へと維持されていく、――すなわち、一定の重量を担いうる鎖のみが存続し、他方、脆弱な鎖は引きちぎられてしまうものと見なされるわけです」

動物学者が相槌を打った。「この鎖の例は、まったく私の見解にはうってつけの例ですね。私はこれを、たとえば生きた鎖とも言うべきミミズの例に当てはめてみたいと思います。周知のように、ミミズはどこでも任意の箇所で切断すると、その前部は造作なく這っていきますが、後部は前へ進まずに縮んでしまいます。けれども、この後部の先端を前部の末端に糸で繋いでやると、後部は躊躇なく前部の後について這っていきます。ミミズの環節は、鎖の環と同じように機械的に結びつけられているのです。そしてこのメカニズムが損なわれないかぎり、その動きは環節から環節へと次々に波及して、前進運動が成立することとなります。ミミズは匍匐《ほふく》機械という意味をもっており、そしてそれ以外の意味は何もありません」

大学理事は彼に会釈をして次のように言った。

「あなた方動物学者が、生物の働きを純粋に機械的なものと見なしておられることは、いまのご説明によってはっきりと確認されました。ところで、私はここでもう一つ別の例を用いて、それとは正反対の見解を証明してみたいと思います。すなわち、生物の働きは、たんなるメカニズムに留まるものではなく、それを超えた生命的な意味に従ったものだという見解です。

仮に、私たちがどこかである一軒の空き家に出くわしたとしましょう。家具も何もないけれども、その玄関のドアはまだ残っていて、風が開けたり閉めたりするたびに、その蝶番《ちょうつがい》が回っているとします。この場合、疑いもなく一つのメカニズムが働いていますが、しかしそのメカニズムは、それ以上の意味は何ももっていません。家に人が住んでおれば、ドアのメカニズムは、敵を締め出し、友人を中へ入れるために利用されるでしょうが、しかし何が敵で何が友人であるかを区別することは、ドア自体には不可能なことです。その振舞いは、まさに生命のない事物の振舞いそのものです。冷気も熱も、酸もアルカリも、電気も磁気も、その開閉のメカニズムに作用するのではなく、ただその物質に作用するだけです。それに対して、生きたドア、たとえばカキの殻は、これとはまったく異なっています。カキの殻はあらゆる食物の刺激に対しては開かれ、あらゆる有害な刺激に対しては閉じられるのです。

生物の行動というものはすべてそのようなものです、あなたのミミズの例も含めて。ミミズは自分に役立つ葉の先端をその味覚によって識別するのであって、たんに突き当たったものに機械的に反応するわけではありません。

要するに、ここで私たちは次のように言えるのではないでしょうか。生命のないメカニズムは人間によって制御され、一方、生きた器官はそれ自身を制御するものである。生命のないメカニズムは客体であり、一方、生きた器官は主体である。生命のないメカニズムは物理的エネルギー保存則に従っており、一方、生きた器官はその特殊な生命エネルギーに支配されている、……と」

動物学者がそれを退けるようにして言った。「あなたはそうした三つの命題を挙げることによって、私を最終的に封じ込めたおつもりかも知れません。しかしここで私はヘルムホルツを援用して、いまおっしゃったお考えが、事実を認識するという、あらゆる真の自然研究の目標から逸脱してしまったものであることを証明してみせましょう」

彼はそう言うと、砂糖壺に手を伸ばして角砂糖を一個取り出した。

「この角砂糖は、角ばっていて、白く、甘い、――そうあなたはおっしゃることでしょう。しかしそれは客観的な事実を記述しているでしょうか。違います！　本当の角砂糖は、あなたがその重量、結晶の形、水中での溶解度、そして他の物質との親和力を記述したときに、つまり、誰によっても検証されうるその性質を私たちに報告したときに、はじめて記述されたと言えるのです。この角砂糖があなたの触覚、視覚、味覚に働きかけるということ、これはたしかにたいへん興味深いことですが、しかしあなたに差し出されたこの本当の角砂糖とは、まったく何の関わりもないことなのです。

ヘルムホルツが教えるように、感覚とはたんに人間の側の信号にすぎないもので、本当の事物を認識させるのではなく、ただ周囲の事実への注意を呼び起こすだけのものなのです。実際、どうしてそれ以外のものでありえましょうか。何しろ《固い》とか《白い》とか《甘い》というのは、何ら共通性のない、完全にばらばらな性質であり、かつどんな真の現実性も欠いているのですから」

理事は答えて言った。

「もし生命のない事物の機械的な事実だけを真であると見なすならば、そのかぎりでは、たしかにおっしゃるとおりでしょう。けれども、その角砂糖を試しに私たちの身体の生きた玄関ドア、つまり口、にあてがってごらんなさい。そうすればただちに、角ばっていて、甘く、白い、その性質が作用してくるのが分かることでしょう。そして口が開かれることでしょう。というのも、これらの三つの異なる性質は、一つの共通するものを、すなわち食物という意味を担っているからです。つまり、この角砂糖はあらゆる実用品と同様に、二重の規則に――すなわち、素材の規則と意味の規則に従っているのです。

ところで、この素材の規則については、すでに数百年にわたって研究がつづけられ、いまや、実験器具や試薬を扱うすべを心得、生命のない現実を意のままに操作することを習得した研究者によって、徹底的に究明されるようになりました。しかしそれに対して、今日の生物学者の野心は、この素材の規則の他に、さらにもう一つの意味の規則にも通じること、すなわち生命の現実を探り当てることにある、――そのように私には思われます。そうではありませんか」

理事はそう言って私のほうを向いた。

「そのとおりです」と私は答えた。

「ここで私は、物質的な要因だけを現実的なものとして承認しようとしたヘルムホルツを、ヘルムホルツ自身の論拠を用いて反駁してみたいと思います。

私たちの眼にまばゆい光線が当たると、私たちの視覚空間には一つの残像が残り、眼球の動きにつれてあちこちへ動きます。この場合、その光は外部の刺激源から発しているのではなく、光を受けた網膜の一部から発しているのです。つまり、眼に差し込んでくる光線とは別に、眼から発する一つの光線――《視覚光線》が認められるわけです。これら二種類の光線は、プリズムを眼に当てれば、はっきりと区別されます。プリズムはあらゆる外部光線を下方へ屈折させますが、視覚光線にはまったく影響を及ぼさないからです。そしてそれがゆえに、ヘルムホルツはこの視覚光線の実在性を否定したのでした。視覚光線は視覚の主体自身にのみ

ヘルマン・ヘルムホルツ
(1821-1894)

知られうるのであって、主体以外の他の観察者には確かめえない、というのがその理由でした。ところで、いま仮に、ある事物——ロウソクの炎としましょうか——、視覚光線の端に見出されるそのロウソクの炎をつかもうとした場合、もしそのあいだにプリズムを当てれば、私たちは実際よりも上のほうに手を伸ばしてしまいます。なぜなら、私たちの視覚空間の位置は、そのとき、把捉空間内の位置に対して上方にずれてしまっており、視覚光線が向けられる位置はもはや外部光線の位置とは一致しないからです。

何度か空しく試みるうちに私たちの把捉する位置が移動してゆき、やがて正しくつかめることとなります。視覚光線の位置と把捉空間の位置が再び一致するのです。次にプリズムを取り除けば、今度は低すぎるところをつかんでしまいます。というのもこの場合は、把捉位置のほうが目に見えている位置よりも下のほうにずらされてしまうからで、何度か試みた後に再びもとの平衡状態が達せられます。——さて、こうした実験はすでにヘルムホルツが行なっていたことでした。

それに対して、私たちはこの実験に一つだけ手を加えてやりましょう。それは、私たち自身の眼ではなく、一人の被験者の眼にプリズムを当てて、その被験者にロウソクの炎の光源をつかませてみるということです。そこで得られる結果は、私たちが自分自身において経験したのと同じものです。すなわち、被験者はつかみ損ねるのです。このことは、その被験者もまた視覚光線に従い、ロウソクの炎の光線に従うのではないことを証しています。

つまり、これによって、自分以外の他の人間の環世界にも視覚光線が存在することが証明されるわけです。同時にまたこれによって、あのプラトンの学説——すなわち、視覚における運動として、眼から客体への運動と客体から眼への運動という、二つの運動の存在を主張した学説も、実証されることとなります。

ところでこの場合、被験者が見ているのは、ロウソクの炎の光源そのものではありません。網膜上のロウソクの炎の像が視覚光線によって外部へと移し入れられた像、——そうした像が、他なる主体の視覚空間に現れているのであって、もちろんその像は、当の主体以外の観察者には見えないものです。

ここから言えることは、見える事物で満たされた、ある他なる主体の視覚空間は、たんにその主体の網膜の産物にすぎないということです。しかしまたその視覚世界は、当の主体にとっては、彼固有の《感覚の質》で満たされた、唯一目に見える現実に他ならないということでもあります。そして、そのような現実である以上、これをヘルムホルツのように、現実的な出来事のたんなる信号として片づけてしまうのは正しくないのです。

自然の中に働いているのは、まさにこうした現実であり、あらゆる動物の生はこうした現実へと合わせられています。そして私たちには、それぞれの動物固有の感覚の質は知られませんが、しかしそれでも、それが知覚標識として外部に移し入れられて、それぞれの動物の主観的な空間の中でどのような役割を演じているかは、突きとめることができるのです。

生物学のもっとも重要な課題とは、何よりも、こうしたそれぞれの環世界における事物の意味を突きとめることに他なりません。なぜなら、生物というものは、一つの例外もなく、意味の規則に従って作られたものであって、素材の規則に従って作られたものではないからです」

動物学者がこれに抗議して言った。

「あなた方生物学者のもくろみについては十分承知しています。あなた方は、世界の創造を一人の神に帰することを目的としておられる。その神はどの生物にもそれぞれの住居をあてがい、そしてその住居の中では、各生物は自分の家具に、——つまり各自の欲求へと合わせられ、それゆえ各自にとって重要で意味がある家具に、取り囲まれている、という次第です。そこではまた、同一の事物がそれぞれの住居に応じて別な用途に役立てられているということですが、まるでその神というのは動物園の園長さんですな。動物園の園長もまた、同じハシゴを、サルには登り降りのために、ニワトリにはとまり木用に与えますからね。——生物の世界というのは、しかしそんなに居心地のよいものじゃない。世界は動物園なんかではないですよ。

ヘルムホルツに対するあなたの反証に戻れば、彼の論ではっきりしているのは、彼が客観的な作用そのものだけを承認し、主観的な作用は承認しなかった、ということです。主観的な作用は、彼にとっては、客観的な出来事のたんなる信号にすぎなかったのです。

しかるにあなたは、主観的な視覚信号が、光線のようなものとして視覚主体の主観的な空間の中へ入ってゆき、そこで作用を及ぼすのだとおっしゃいましたが、しかしそうした作用はあくまでも主観的な作用でしかないのです。それゆえまた、客観的な事象、すなわち、水晶体によって網膜上に一つの像へと統合される、ロウソクから発する光線とは、まったく比較にならないものなのです」

私はこう応じた。「ともかくも、あなたが視覚を二つの局面に分けておられるのは、歓迎すべきことです。あなたはそれを客観的および主観的と呼んでおられるのですが。ところで、この主観的とか客観的とかいう言い方は、果てしない混乱を引き起こしかねません。そこで私は、それを防ぐために次のような提案をしたいと思います。すなわち、局外者たるあらゆる観察者によって確認されうる局面を《生物学的》局面と名づけ、それに対して、当の主体によってのみ認識されうる局面を《パラ生物学的》局面と名づけてはどうか、ということです。両者の区別は、とりわけ聴覚において歴然としています。というのも、たとえば鐘から生じる空気の振動は、ロウソクの炎の光線よりもはるかに容易に、どんな観察者にも認めうるものだからです。この空気の波動は私たちの内耳の蝸牛殻にある共鳴器によって捉えられ、神経の興奮として聴神経に伝達され、そして聴神経を伝わって私たちの脳へと送られます。そしてこれをもって、聴覚の生物学的な局面が終わります。次にパラ生物学的な局面に入りますが、この局面では、まず音響が生み出されることに始まり、その音響が私たちの聴覚空間へと移し入れられ、それから空気の波動の発生源である振動する鐘に、音響の知覚標識として刻印されるのです。そしてそれによってパラ生物学的な局面が終わるわけです」

第四章　川原にて

大学理事は立ち上がって川原のほうへ歩いていった。川原で大きな石を一つつかむと、それを緩やかに流れる川の水に放り投げた。水柱が立ち、その波が周囲の水の面に広がった。しばらくすると波は静まって、川はもとどおりの緩やかな流れに還っていった。

理事は水際の小高くなったところに腰を下ろすと、私たちにもいっしょに座るよう合図した。それから彼は次のように語り始めた。

「私たちの議論はこれまで滑らかに進んでいましたが、いまふいに生物学者が一つのまったく新しい問題を投げかけました。《パラ生物学》と彼が名づけた問題のことですが、これはやや唐突な感を与えることと思います。そこで私たちは、まずこの問題を私たちの議論の流れの中に導き入れ、議論を再び滑らかなものにする必要があるでしょう。

私は私の研究においては、はじめに一定の規則を立てるようなことは、けっしてしませんそうではなく、まず何よりも、疑いようのない明白な事実を、――そしてそれを実例としてそこから一つの規則を導き出しうるような事実を、探し求めるのです。

そのような実例の一つを、あるとき私は思わぬ経験から与えられたことがあります。私はある大きな果樹園の塀づたいに歩いていたのですが、そのときリンゴが一個、頭の上に落ちてきて、かぶっていたフェルト帽にくぼみができました。歩きつづけながら、私はこうひとりごちました。こんな場合、物理学者であれば、塀の高さとリンゴの質量からフェルト帽のくぼみを算出し、そして満足げに《原因ハ結果ニ等シイ》(Causa aequat effectum) ことを確認するだろう、と。

それから私は、ニュートンの人生にたいへん大きな役割を演じた、例のリンゴのことを思い浮かべました。この驚嘆すべき人間は、ある特異な感覚器官を備えていたに違いありません。大地の重力という、果樹に実るあらゆる果実を枝もたわわに引き寄せている力、またその花梗《かこう》がゆるんだリンゴを地面に落下させる力を、彼が発見できたのは、おそらくそのためでしょう。

ともあれ、ニュートンはこの経験を、月と地球の関係をも含めた、万有に関する包括的な見解へと一般化することを心得ていました。

そして当然ながら彼は、あのリンゴ、彼が観察したあの一個のリンゴの落下には、何の意味も認めていませんでした。彼が目ざしていたのは、あらゆる個々のケースがそれに従わねばならないような、質量を有した物体全般に妥当する一つの世界法則であったからです。

私のそのときの経験もまた、もとよりこの法則の例外をなすものではありません。ただ、そのリンゴはまともに私の頭の上に落ちてきたので、そのために私は、あらゆるリンゴを大地と結びつけている世界法則などではなく、他ならないそのリンゴを私の頭と結びつけた、私個人の環世界の法則を尋ねずにはおれませんでした。

つまり、私は質量のある物体の落下の普遍的な原因ではなく、どうしてそのリンゴが私の頭の上に落ちてきたのかという、具体的個別的な理由を問題としたのです。

私は、私に当たったそのリンゴに一つの特殊な意味があるのかどうかを知ろうとしました。というのも、どんな理由であれ、理由というものにはつねに意味が含まれているからです。それゆえ私は引き返して、リンゴの木の枝が塀のむこうから道の上まで突き出しているのかどうかを確かめようとしました。果たして、そうではなかったのです。そこで私はそのリンゴが落ちてきた理由として、もう一つ別な、同じくすぐに思いつく意味を考えざるをえませんでした。すなわち、そのリンゴは園丁のいたずら小僧が私の頭を目がけて投げつけたのだ、と。

これを生物学的に表現すれば、そのリンゴはその場合、媒質の機能環から敵の機能環の中へと移行したことになります。

私はそのいたずら者を探すべく果樹園に足を踏み入れました。すると、入ってすぐ近くのリンゴの木に、グラーヴェンシュタイン品種、《生娘》の実が、見るからにおいしそうに真っ赤な色をして輝いていました。そして今度は、リンゴは食物の機能環の中へと移っていったのでした……。

さて、このあたりでパラ生物学の問題に入ってもよいでしょう。生物のパラ生物学的反応の特色は、それが局外者である観察者には知覚されえない、というところにあります。そこで、私としては観察者の立場のほうをとることにして、仮にここでは、当の主体の役割は一匹のサルに任せて、そのサルに一個のリンゴを対置させてみるとしましょう。サルにとっても、リンゴはさまざまな機能環の中で現れることができます。サルがリンゴの木の下にいるときは、頭のすぐ近くにリンゴが落ちてきて身をかわさなければならない、ということもあるでしょう。そうした場合、そのリンゴは媒質の機能環における障害物の意味をもち、サルの逃避動作の理由となります。

また、仮にある別のサルがこのサルに向かって石を投げつけるとすれば、そのとき、このサルは手当たり次第のリンゴをつかんで、それを投擲弾として使うことでしょう。その場合、リンゴは敵の機能環の中に組み込まれます。最後に、もしサルがリンゴを食べようとして手を伸ばすとすれば、その場合のリンゴは、サルの餌として食物の機能環の中へと移行するのです。

そのつどのサルの反応から、観察者としての私は、リンゴがどの機能環の中に置かれているのかを見てとることができます。しかしながら、その反応を引き起こすそのつどの意味像がどのようなものかは、私には分かりません。それはサルの行動のパラ生物学的な局面に属しているのです。

私の食物の機能環の中で眺めれば、リンゴは、あの角砂糖同様、相互に関連のない、いくつかの性質をもっています。それは、色があり、丸みがあり、香りを帯び、甘い味がします。そして、これらの性質が合わさって、私にとってのリンゴの食物像が形づくられています。

サルの動作、つまり、最初にリンゴを眺め、次にそれに触り、それから匂いを嗅ぎ、最後に口に入れる、その動作からは、サルにとってのリンゴの食物像が、私の場合と似たような諸性質から成り立っていることは推察されますが、しかしそれらの性質がどのようなものかは私には知りえません。ただそうした場合でも、少なくともそこで推定されうるのは、それらの性質が私の場合と同様二つの局面を通して形成される、ということです。

第一の局面は、刺激源から発してサルの感覚器官にまで達する、化学的＝物理学的な作用の局面です。第二の局面は、刺激源に対する感覚器官の反作用の局面です。まず、サルがリンゴを眺める場合、この第一の局面では、外部光線がリンゴからサルの眼へと向かい、第二の局面では、それに対する応答として、眼の視覚光線がリンゴへと向けられます。その結果として起こるのは、サルがリンゴに手を伸ばして触れるという動作です。次に、触れられたリンゴからは、第一の局面として圧力が作用しますが、第二の局面ではサルはそれに対して触覚によって応答します。そしてその触覚を、サルはリンゴの性質としてリンゴに与えることになります。以下、嗅覚や味覚についても同様のことが繰り返されます。

このようにして、サルの眼、触れる手、鼻、そして口蓋から、それぞれ、第一の局面と第二の局面、すなわち、生物学的な局面とパラ生物学的な局面を通して、それぞれの性質が外部のリンゴへと移し入れられるわけです。

ここで、これらの二つの局面はそれぞれ対をなしていますが、それらの対は、次から次へと、そのつどの新たな動作によって導入されます。すなわち、まずリンゴに手を伸ばして触れること、次に鼻に近づけること、それから口の中へ入れること、――これらの動作によってです。

これらの新たな動作に伴って現れる《作用標識》によって、リンゴに与えられた先行の知覚標識は、そのつど消去されます。そしてそれに代わって、新しい知覚標識が登場し、これはまた、すぐ次につづく動作によって消去されます。こうして、リンゴの視覚像、触覚像、嗅覚像、味覚像が次々と重なって、その結果、それらが合わさった一つの食物像がサルに与えられるのです。

さて、サルのあらゆる行動は、このように、サルと事物のあいだの《問いと答えの応酬》として、生物学的局面とパラ生物学的局面の二つの行動に区分することができます。すなわち、一方の生物学的な局面は、刺激源からサルに向けられる一般的な問いであり、他方のパラ生物学的な局面は、サル特有の答えを含んでいます。そしてその答えが同時に、それに見合ったサルの動作を引き起こすのです」

動物学者が反論して言った。

「一体どうして、そのような二つの局面が存在するなどと言えるのでしょうか。どの作用装置でも、そこに認められるのは、神経の興奮、すなわち電波の振動です。これが神経経路を経て筋収縮を引き起こし、そしてこの筋収縮が歩行器や食物摂取器の骨と関節を動かすのです。同じことは、感覚器官とか――より正確には――受容器と呼ばれている知覚装置についても言えます。たとえば視覚装置を考えてみれば、これは機械の部品とまったく同じ働きをする構成要素から成り立っています。眼はレンズと絞りと、その上に外界の像が結ばれる網膜の感光板を備えた、一種の写真機なのです。この結ばれた像は、視神経の中に電波を生み出し、この電波はすばやく大脳にまで送られ、大脳の中で何らかの仕方の変換が行なわれます。そしてこの変換されたものが、私たちには感覚として感じとられるようになるのですが、しかしこれはまた、実質的には再び神経波に変換されて、接続する作用装置に送り込まれるわけで、これがすなわち《反射》と呼ばれるものです。

このように、外界の事象のメカニズムと身体の事象のあいだには、何ら原理的な区別は存在しません。このことは、次の事実によっても端的に示されています。すなわち、白内障の手術の後は、切除した水晶体の代用として一種のメガネが用いられますが、このメガネは水晶体と同じ働きをするのであって、だからこそ適切にも《知覚用具》と呼ばれているのです」

大学理事は私にこう問いかけた。

「これに対しては、生物学者さん、あなたはどのように反論なさいますか。生物のメカニズムが生命のない事物のメカニズムと根本的に異なっているという見方は、どのような論拠によって維持できるでしょうか。それとも、写真機の撮影と生きた眼の視覚とは同一視できるのか、いずれの場合にも知覚という言葉が使えるのか。——いかがでしょうか」

私は次のように答えた。

「私の考えでは、動物学者がいま言ったのは、もっぱら作用のことであって、知覚のことではは全然ありません。というのは、知覚とは精神的事象であって、物質的事象ではないからです。一体、大脳における意識性を伴った感覚の出現は、機械論者の構想とはまったく合わないことなのです。したがって彼らは、この大脳内の事象をあっさりと無視してしまいます。そしてその代わりに、知覚器官から作用器官へと飛び移る、純粋に機械的な性質の反射なるものを仮定するのです。たしかに、物質的な事象を観察するだけで十分であるとするかぎりは、光の受容と光の記録だけを問題としていればいいわけで、ですからまた、眼は光受容器とか感光器と名づけられることにもなるでしょう。

そしてたしかにそこでは、エーテル波——外部光線のことですが——、これが眼の水晶体の中で屈折し、網膜上に眼前の事物の像を結ぶことが確認されることでしょう。実際、眼というものは、もしその生命的現象を無視するならば、一台の写真機であり、弾性のあるレンズと、乳白ガラスの感光板に相当する感光膜とを備えた写真機であると言えるのですから。けれども、こうした機械論者たちも、逆に、眼と比べられる写真機が《見る》ことができるとは、これまで誰一人主張しようとはしませんでした。

もしこの《見る》という私たちの眼の働きを問題とするならば、しかし事態はまったく別な様相を呈するのです。私たちの網膜の上に小さな残像が生み出されるとき、私たちはこの残像を、視野の中の事物から勝手にずらすことができます。この残像は、それがどこに向けられようと、生き生きとした印象を呼び起こすでしょう。この印象は、しかしけっして網膜そのものの中にあるのではなく、つねに外部の視覚空間の中にあるのです。

ここから言えることは、先にも述べたように、私たちの視覚とは、純粋に主観的で非物質的な《視覚光線》を発することにある、ということです。この視覚光線は、客観的なエーテル光線が網膜に当たるときにはつねに現れます。そして主観的な光線として、客観的な外部光線とは逆の方向をとって進み、途中で交差したあと、網膜の倒立像を正立像に変えて、これを外部空間の中へと置き入れるのです。

こうした視覚の主観的な事象には、たんに網膜だけでなく、大脳にまで至る全視覚システムが関与しています。そしてこのような視覚の事象は、ただ内側から、すなわち主体の内部からのみ認識されうるのですから、これは生物学的と呼ぶよりは、パラ生物学的と呼んだほうが適切なのです。

ところで、ここで問題となるのは、これもすでに触れたことですが、私たち自身の自己の経験のみから知られているパラ生物学的なこの視覚行為が、他の主体においても同じように行なわれているのかどうか、ということです。私たちは別な自己の中へは入ってゆけないのですから、ここでは、ある外側から確かめられる標識、つまり、視覚によって引き起こされた行動として可視的なものとなった何らかの標識を、拠り所としなければなりません。そしてそのような標識が、実際、存在するのです。私は先ほど、写真機にはその感光板に結ばれた像を再び外部へと移し入れることはできないのだと指摘しました。仮に、眼の代わりにカメラを頭に内蔵しているような動物を考えるとすれば、そのような動物が、像を結ぶエーテル波の源である事物のほうへ近づいていくことなどは、まったくありえないことでしょう。

そのような動物は、網膜上の像に縛りつけられており、そして視覚空間なるものについては何ら知ることもないでしょう。

それゆえ、眼をもった動物がある可視的な事物に向かって近寄っていくことが観察されれば、そこからただちに、その動物が視覚光線にくまなく照らし出された視覚空間を有していること、そしてその視覚光線が外界の事物をこの視覚空間の中へ立てていることを、推論してもいいわけです。眼をもっているすべての動物を次々に思い浮かべてみるならば、それらの動物がことごとく《見る》ことができ、その動作が、その動物に見えている事物に――たとえその色と形が私たち人間の事物とかけ離れたものであるとしても――、ともかくもそれに見えている事物に従っていることが確かめられるでしょう。

動物の目に見えるこうした事物は、つねに当の動物の主観的な視覚空間の《位置》〔識別可能な最小空間単位〕に結びつけられています。その位置の数は、網膜が出すことのできる視覚光線の数によって、言い換えれば、網膜にある《視覚エレメント》――桿状体と錐状体――の数によって、決まっています。そして、その位置の数の多少によって、その眼がどの程度まで細部を識別しうるかという、その精密さの度合が決まってくるのです。

あらゆる視覚空間は、その《最遠平面》によって閉じられていますが、これは外部へ移し入れられた網膜そのものに他なりません。

地平とか天空とも呼ばれるこの最遠平面は、動物の視覚空間を、各動物によってまちまちな、眼からの一定の距離で閉じています。ある動物の視覚空間は数マイル以上にも及び、別の動物のそれはわずか数センチメートルにも達しません。しかしいずれにせよ、この視覚空間は、眼をもった動物に見えうる一切のものを包み込んでいるのであり、それを越えたところには、当の主体にとってもはや目に見える事物は何も存在しないのです」

ここで理事が次のように言った。

「あなたの説明をお聞きして、視覚行為もまた二つの局面に、すなわち、生物学的局面とそれにつづくパラ生物学的局面とに区分されることが、たいへん明確になりました。第一の局面では、ある客観的な像が客観的な空間から眼の中へと移し入れられ、そして第二の局面では、主観的な像が眼から、すなわち色彩を感じる網膜のモザイクから、見る主体の主観的な空間へと移し入れられるわけです。

眼が有するこの二局面の機能を理解するのは、しかしきわめて困難なものがあります。というのも、二つの局面のいずれの考察にも有効であるような、一つの共通の観点なるものが見出しがたいからです。

フェヒナーは、ある譬えを用いて、大脳における物質的な事象と人間の意識における非物質的な事象が［同一の実在の二つの側面として］対応していることを、具体的に説明しようと試みたことがあります。彼は、地面に円を描いて、被験者をあるときは円の外側に、あるときは円の内側に立たせてみることを提案しました。彼によれば、被験者が円の外側にいるときは、被験者の前には凸形の曲線があり、円の内側にいるときは、凹形の曲線と向い合っている。しかしいずれの場合も、そこにあるのは同じ円だというわけです。

しかしこの譬えは、客観的観点と主観的観点という問題の真の難点を捉えたものではありません。なぜなら、主体が円の外側にいようと内側にいようと、いずれの場合にも、円はあくまで客体であり、客体として主体と対置されていることに変わりはないからです。

フェヒナーは、むしろ次のように言うべきでした。すなわち、第一の場合では、円は主体によって観察される客体にとどまり、第二の場合では、主体は主体自身を円のように感じる、と。そのほうがより事態に即しているように思います。

二局面現象の問題に戻れば、私たちは次のように言えるでしょう。すなわち、生物学的な局面では、私は外側に立つものとして、視覚器官に刺激が当たり、そこに電波の振動が貫流するのを観察する。一方、パラ生物学的な局面では、この振動に代わって、赤や青や白などの色、当の主体にのみ認識されうる色の感覚が出現する、と。

こうした対立は、聴覚器官を観察すれば、もっと際だっています。すなわち、生物学的な局面では、共鳴膜に振動が生じ、この振動が同じく電波の振動となって知覚神経の中を伝わってゆきます。パラ生物学的な局面では、主体である私たちはこれを音として聞くのです。

私たちはこれでまた、なぜ私たちが感覚器官のことを論じるのか、その理由も理解できるでしょう。感覚器官は、感覚を生み出す知覚器官の一部を成しているのです。

フェヒナーの実験から一般に推論されたような、物質的事象と精神的事象の《並行論》などは問題になりません。生物学的な局面は、つねに先行する局面であって、パラ生物学的な局面が開始されるための前提をなしています。パラ生物学的局面が生物学的な局面と並行していることなどは、けっしてありえないのです……」

これに対して動物学者が言った。

「しかし、ヘルムホルツはフェヒナーの並行論とは違って、その生物学的局面のみを唯一現実的な局面と見なしたのです。一体、真に現実的と言いうるのは、ただある要因が他の要因に機械的な作用を及ぼす場合だけです。そしてそのような作用とは、客観的に存在する要因と要因のあいだで、因果律に従って生起するような作用に他なりません。こうして、電波の振動は現実的なものと言えますが、しかしたんに主観的にしか認識されない感覚の場合はそうではないのです。

ですから、ヘルムホルツは、あなた方がパラ生物学的局面と呼んでおられるものを、次のように解釈したのです。すなわち、感覚器官が刺激を受けたさいに、何らかの主観的な信号が誘発されるが――ちなみに、私たちはそれを知覚信号と名づけています――、しかしこうした信号は、客観的な作用をまったく及ぼすことのできないものであって、現実的事象の生起を主体に通報するという、たんにそれだけの役をしているにすぎないのだ、と。動物や人間の身体における生命活動は、厳密に機械的なものとして進行しています。真に現実的なものであるこの出来事を、主体はその完全に効力のない感覚信号を通して知らされる、というわけです。

エネルギー保存則は、生命のない物体だけでなく、生きた身体にもまったく同様に妥当するのであって、たんに主観的な感覚信号がどうこう干渉しうるものではありません。生きた身体は、それゆえ、物理エネルギーに対する治外法権などもってはいません。物理エネルギーは、いささかの手加減もなしにあらゆる生きた身体の中に作用しているのです」

すると理事はこう言った。

「ヘルムホルツはたしかにエネルギー保存則の情熱的なパイオニアでした。ですから、彼がただ客観的な出来事だけを現実的なものと認めて、主観的な出来事を無視してしまったのは、そのようなパイオニアとして無理からぬところがあったのかも知れません。しかしそれにしても、彼のその考えがどれほど誤ったものであるかは、仮に、同じピアノの前に座った一人の物理学者と一人の音楽家を想像してみれば、あなたにもすぐにお分かりのはずです。

物理学者にとっては、目の前の鍵盤は一連の空気の振動の代行者であると思われることでしょう。どの鍵も、それを叩くと弦という別なものの振動を引き起こすのですから。

しかし音楽家のほうはどうでしょう。ピアノの上には音楽家の手になる楽譜が置かれていますが、そこに記されているのは、疑いもなく、音の記号であって、空気の振動の記号ではありません。

つまり、音楽家には、一曲のソナタを空気の振動で作曲することなどは思いもよらないことでしょう。音楽家にとっては音が現実なのです。

ヘルムホルツの主張したこと、つまり、私たちによって生み出され外部の事物へと移し入れられた知覚標識が非現実的なものであるとした彼の主張は、ですから、これをもってしても、きっぱりと退けられねばなりません」

動物学者は言った。「これはまったく結構なご説明です。しかしそれにしても、もし客観的に空気の波動がなければ、耳には何も聞こえてきませんし、世界は沈黙していることでしょう。これは反駁の余地のない事実であって、そしてヘルムホルツはこの事実に立脚しているのです」

理事は答えて言った。

「あなたは私たち人間には二つのピアノがあることを見落としておられるようです。二つのピアノとは、すなわち、耳にある知覚ピアノと咽喉にある作用ピアノのことです。知覚ピアノは、生物学的局面において空気の波動を受けとり、パラ生物学的局面においてこれを音に変えます。咽喉内の作用ピアノは、それに対して、パラ生物学的局面で音を受けとり、この音を空気の波動として生物学的局面へと送り出します。したがってこちらの場合は、パラ生物学的局面の後に生物学的局面がつづく形になります。

簡単に言えば、知覚器官においては、客観的事象が感覚へと変えられ、作用器官においては、この感覚があらためて客観的事象へと変えられるのです。ところで、これはたいていの生理学者が考えているようなたんなる反射ではありません。鏡面におけるたんなる反映のようなものではないのです。そうではなく、そこにはある中枢的な出来事が介在しているのであって、この出来事が――一方の知覚器官と他方の作用器官の――二つのパラ生物学的な局面を互いに結び合わせているのです。そして、両者を媒介するこの中枢的な過程が、まさに意味の創造ということなのです」

私は相槌を打ってこう言った。

「意味の探究はことのほか重要なものです。なぜなら、さまざまな動物の環世界は、その主体が事物にどんな意味を付与しているかを知ることによって、はじめて認識されてくるからです。

意味というものは、ある事物を事物として統合する絆であり、もしこれを取り除いてしまえば、後に残るのはばらばらの部分にすぎません。あの有名な対話録『ミリンダ王の問い』の中で、仏教の沙門ナーガセーナがミリンダ王に対して論証したのは、他ならないそのことでした。すなわち、王がただ目に見える事物だけが存在すると主張したのに対して、ナーガセーナは次のように論証したのです。もしそうだとしたら、王の車は――ちょうど彼らの前に停まっていたのですが――存在しないことになる。なぜなら、そこにはただ車輪と車室と轅《ながえ》が目に見えているだけで、しかし車は――この車をはじめて《乗り物》たらしめている目に見えない精神的な意味の絆が無視されるやいなや――、目には見えなくなるのだから、と。そしてこのナーガセーナの例証は、あらゆる事物に当てはまるものです。

意味を付与するというこの根本的な行為は、物質的な事象ではなく、精神による判断に他なりません。意味は判断（Urteil）として、事実、この語が示しているように、ある事物のあらゆる部分（Teil）を結合し、その事物が事物として現れるのに欠かせない基＝部（Ur-Teil）を成していますが、このことは、言語的にもたいへん興味深いものがあります。このような意味のなかにこそ、あらゆる事物が事物として存在するに至るための核心が秘められているのです」

このときフォン・W氏が口をはさんだ。

「さらに付け加えれば、次のように言うことができるでしょう。これは大事なことだと思います。すなわち、私たちが視覚空間の中へ移し入れるのは、ある事物の、直接目に見えている各部分だけではないということ、それらとともに、それらをまとめている意味もまた、同時に移し入れているということです。私たちがたんなる断片的な色彩にではなく、さまざまな事物に取り巻かれているのは、まさにそのためなのです。

視覚空間の中に見出される事物は、つねに《意味の担い手》であり、主体は《意味の活用者》としてそれに接しています。ところで、人と人の対話においては、ある主体に向けられた言葉が、この主体にとっての意味の担い手となり、それに対する答えが意味の活用を示しています。そしてこの答えの言葉は、相手の主体にとっては意味の担い手になり、その主体によって新たな応答へと活用されるのです」

フォン・W氏はそう言って、鉛筆書きの簡単なスケッチを差し出した。

「先ほどの二つのピアノの比喩がとりわけ印象的だったので、スケッチしてみました。どの言語も、そのアルファベットに配列されている母音と子音から成り立っています。ところで、私たちの耳に入ったさまざまな空気の波動は、鼓膜の共鳴によって、まずそのうちの一定数のものが選びとられます。これは《受信ピアノ》の仕事です。選びとられた振動は神経経路を通って中枢神経系に伝達され、そしてこの中枢神経系によって、アルファベットに対応した音とそうでない雑音に変えられます。こうして、私たちが誰かに語りかけられるとき、私たちはある一連の音声を聞きとることとなるのですが、しかしこの音声の連なりは、必ずしもまとまりのある連関を有しているとはかぎりませんし、事実、私たちの知らない言語で語りかけられる場合は、そのような連関を有していません。

しかし、その音声の連なりが私たちの知っている言語に属している場合は、それは意味を与えられます。これは、言語によるあらゆる意思疎通の根底をなす中枢的な行為に他なりません。次に、意味を与えられたその言葉には、それに対する応答がなされますが、この応答は意味的に呼応した言葉から成っており、この言葉によって、私たちの発声器官の中に一連の運動が呼び起こされ、《作用ピアノ》が一定の空気の波動を外へ送り出すこととなるのです。したがって、こうした対話の場合にも、主役を演じているのはパラ生物学的な局面であって、知覚のパラ生物学的な局面には、意味的な結合を介して、作用のパラ生物学的な局面がつづくわけです。このように、あらゆる行動は知覚器官と作用器官を必要とし、かつそのあいだに両者を媒介する中枢的な意味行為が介入することによって、はじめて可能となると言えます［図］。

ところで、あらゆる生物は、それぞれその定められた環世界に固有の、意味の原像をもっています。この意味原像の存在を端的に示してくれる例としては、さし当たってケーラーの実験を挙げることができるでしょう。

ケーラーによれば、チンパンジーは登攀《とうはん》に関してはただ一つの原像、すなわち、木という原像しかもっていません。それゆえチンパンジーは、ハシゴを与えられても、それをけっして《ハシゴ》という人間的なシェーマ（図式）に従ってではなく、《木》という原始林のシェーマに従って用います。ですから、いつも決まって、両側の支柱の一方だけを壁に立てかけ、そうすることでハシゴの段を、それを伝ってよじ登れる枝に見立てるのです。チンパンジーの生のドラマには、《チンパンジーとハシゴ》というような生の場面はまったく存在せず、ただ《チンパンジーと木》という場面が現れるだけなのです。

ともあれ、動物においても、その視覚像が刺激源を覆い尽くして、それを見られた像に変えていることは疑いを入れません」

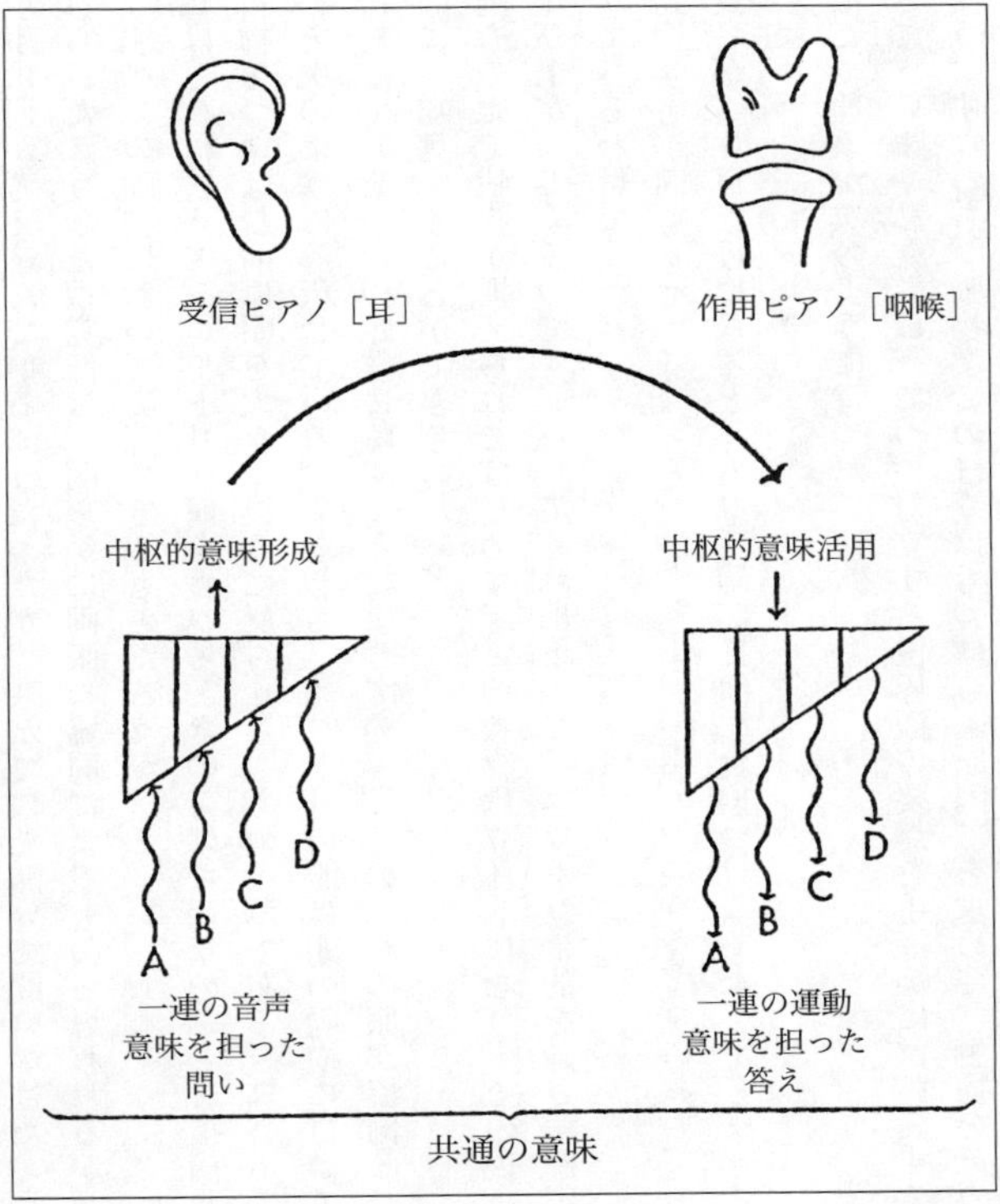
受信ピアノ［耳］
作用ピアノ［咽喉］
中枢的意味形成
中枢的意味活用
A
B
C
D
A
B
C
D
一連の音声
意味を担った
問い
一連の運動
意味を担った
答え
共通の意味

理事は何か考え込んでいるふうだったが、やがて口を開いて問いかけた。——外へと移し入れられたこうした視覚像は、明らかに両眼の協同によるものと思われるが、しかしこのことはすべての動物において実証できるものだろうか、と。

私はそれに答えて、ニワトリが餌を食べるときの奇妙な仕草のことを指摘した。ニワトリが穀物をついばむ前に頭を大きく後ろに反らせる、あの仕草である。ヨハネス・ミュラーはこれを次のように解釈している。すなわち、ニワトリの眼は頭の両横に付いているため、事物に対して頭を一定の距離に離すことによってのみ、その二つの眼が協同して、それゆえ立体的に、知覚することができるのだ、と。

「両方の眼で穀物が捉えられてはじめて、この穀物は立体的になり、その視覚像の平面から浮かび上がってくるのです。そしてそれによって、ニワトリは的を外さず確実についばむことができるわけです」

動物学者が同意してこう言った。「トンボの幼虫、いわゆるヤゴにおいても、この旺盛な捕食者が、片目だけになると、もはや確実に餌に食いつけなくなってしまうことが実証されています」

そこで理事が次のように言った。

「さて、いまや私たちは、二つの対立する世界観の要点を手短かに言い表すことができるでしょう。すなわち、動物学者のほうはもっぱら《原因》を求めて、生物をその周囲の事物の反射体と見なすものであり、一方、生物学者のほうは《理由》を探り、生物をその環世界の事物に対する意味の付与者と見なすものである、ということです。

動物学の支配的な学説に従えば、動物の周囲の環境内にある刺激源は動物の感覚器官に作用して、反射と呼ばれる物理＝化学的な反応を引き起こします。この反射は感覚細胞の興奮とともに始まり、感覚神経を伝って中枢神経系にまで達し、そしてそこで実行器に通じている運動神経に連絡されます。こうした事象はつねに電波の振動から認識できるものであり、それゆえここでは、あらゆる非物質的な変化の可能性は締め出されています。

一方、こうした単純明快な反射理論に対して、生物が刺激源に意味を付与するという学説は、それがより理解されにくいものであるだけに、不利な立場にあると言えます。

ですから、この意味の付与ということをさらに詳しく解明するために、ここで次のような例を選んでみましょう。私はここに一匹の利発なハエを想定し、そうして皆さん、あなた方一人一人にお願いしたいと思います。どうかあなた方ご自身がそのハエであると想像してください。そのハエとは、つまり、人間の住居に棲んでいて、ハエの分別に加えて人間の悟性も併せもっているハエ、しかしまた自分の周囲の人間的事物については何ら知識のないハエ――そういうハエです。

このハエは、ハエのあらゆる性質に従って、すでにその部屋を隈なく調べ尽くしました。それは、自分の足裏の仕組みのお蔭で、つるつるした窓ガラスを這い上がることができるものの、逆に、下へは降りることができないことを確かめました。それはまた、自分の足に味覚器官が付いていて、何かの飲食物の上を駆け抜ければ、すぐにそれと分かることを発見しました。その行動は、とりわけ部屋の中の熱と光の状態に左右されています。部屋が寒いときは、暖房装置のある壁際のあたりに仲間のハエといっしょに集まります。室内が暗いときは、どんな狭い隙間からでもひたすら戸外へ出て行こうとします。また室内が明るいときは、ハエは仲間といっしょに上空を飛び回って《婚姻飛行》の練習をします。そうしたさいのハエの動きは、眼の網膜が外へと移し入れられた地平によって制御されていますが、その地平はハエの場合、ハエから一メートル強の距離に置かれています。ハエにとって、この地平は遠隔の触覚器官として役立っており、その中へ何かの物が突然侵入してくると、それに気づいて後ずさりしてしまいます。ハエはそうしたとき、まるで船乗りが陸地の見えなくなる大海へと乗り出して行くように、地平の端に現れた事物からしぶしぶ遠ざかっていくのです。

ハエの活動の場は、ですから、およそ二メートル四方の間隔を置いた個々の事物によって画定されており、その中をジグザグに飛び回るわけです。

この活動の場に一匹の雌バエが飛んでくると、雄のハエたちはこの雌を目がけて突進してゆきます。しかしこの場合、雄たちには、同じ大きさで同じ速さの他の事物とその雌との区別がついているわけではありません。ただたんに、雌のハエが雄たちの婚姻の輪舞には加わらず、まっすぐにその場を横切っていくということだけが、雌を識別する知覚標識として役立っているのです。というのも、ハエの眼は微細な点まで見分けられる仕組みにはなっていないからです。ハエが何ら警戒せずにクモの巣に飛び込んでしまうのも、そのためであって、クモの巣の糸はハエの眼には絶対に見ることができないのです。

さて、ここで一人の人間が部屋の中に入ってきて、いろいろな事物を次々に使っていったとしましょう。すなわち、椅子に腰を下ろし、書き物机に向かい、インクとペンと紙を用いて手紙を書き、水差しからグラスに水を注ぎ、グラスを口に運んで飲み干す、といったふうに。

こうしたすべての事物を、その人間は再びもとの場所に戻して、部屋を出てゆきます。部屋の中は、彼が入ってきた以前と何ら変わりがありません。しかしにもかかわらず、あの利発なハエにとっては、すべての事物は完全に変わってしまったのです。つまり、ハエは、あらゆる事物にはハエ的意味の他に人間的意味もあるということ、椅子が座席のトーンを与えられ、グラスが飲用のトーンを与えられもする、ということを認識したのです。その部屋はハエ的意味の他に、さらに人間的意味をも与えられたわけです」

フォン・W氏がそれに対してこう言った。

「たいへん分かりやすい譬えだと思います。ただその場合、ハエが人間の意味付与を認識できるためには、人間の悟性だけでなく、同時に人間の感覚器官も与えられていなければならないでしょう。なぜなら、ハエの貧弱な視覚をもってしては、人間の見る事物のようなさまざまな色や形を区別することはできないでしょうから。

ともあれ、理事さん、あなたはこの譬えによって、ハエの視点をもとにして二つの環世界の違いを捉えようとされたわけですが、生物の研究者に課せられているのは、まさにそのような試みにあると言えるでしょう。すなわち、その課題とは、この場合は人間の視点を出発点として、そこから次第に他の動物の環世界へと分け入っていくことにあるということです」

画家がつづいて言った。「私からひとこと言わせてもらえば、その一つの比喩として、次のような図画の教室のことを考えてみるのはいかがでしょう。つまり、先生である人間が、まずお手本として自然の一端を描き、そしてさまざまな生徒たち、たとえばハエやイヌやニワトリやトンボが、同じ対象を彼らなりに描いて、先生に提出します。すると、生徒たちが描いたそれらの絵は、みんな同一の題材であるにもかかわらず、それこそ種々さまざまに異なっている。そして先生はそれを見て目を見張る、という次第です」

私はこう言った。「たいへん面白い比喩ですね。そしてその場合、先生である人間だけが、その高次の才能のお蔭で、生徒の動物たちの環世界像を――たとえ直接には認識できなくとも――それでも彼らのさまざまな反応を観察することによって、十分突きとめることができるのです。つまり、彼らがある対象を、食べるのか、愛するのか、敵と見なして戦うの

人間にとってのシャンデリア

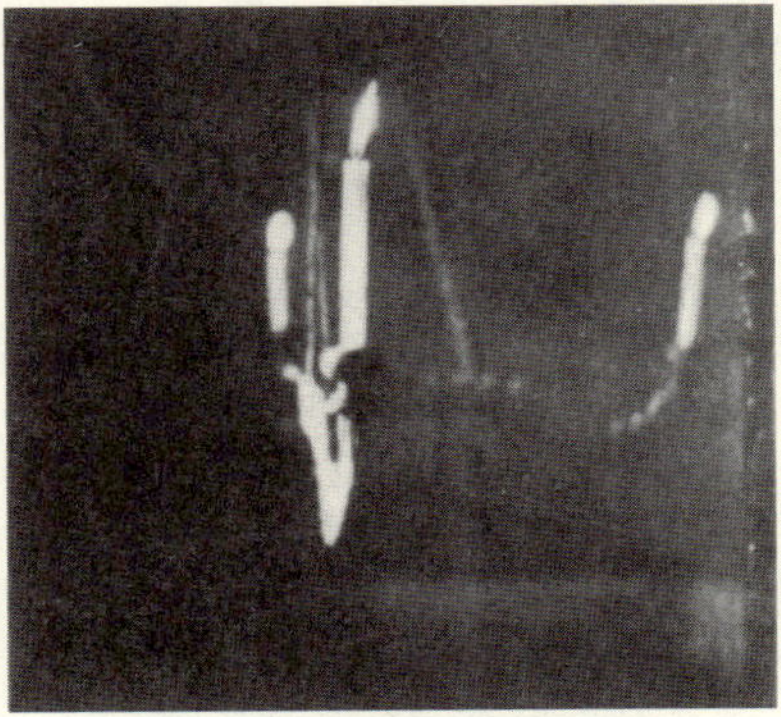

ハエにとってのシャンデリア

か、障害物として除去するのか、言い換えれば、彼らが環世界の事物にどんな意味を与えているのか、そしてその事物を、あるいは食物として、あるいは敵として、あるいは性のパートナーとして、あるいはまた媒質の一部として、一体どういうふうに取り扱っているのか、——そうした反応を観察することによって、です」

ここで理事がこう言った。

「たしかに、私がハエの例で述べたような意味付与は、あらゆる動物に関して人間の究明しうるところであり、そして環世界論はこれを基盤として成り立っていると言うことができます。

ところで、ここで問題となってくるのは、これらの環世界が相互にどのように交錯するのか、ということでしょう」

私は答えて言った。

「そのとおりです。この興味深い問題に関しては、なかには、たいへん奇異に思われるようなケースも観察されていますが、しかし環世界相互のこうした交錯も、それぞれの環世界とそこに存在しているシェーマが知られれば、幾分なりとも理解しうるものとなるのです。

交錯の例として挙げられるのは、たとえば、人間が動物を生きた道具として利用する場合であり、他方ではまた、もっと驚くべきケースとして、動物どうしがお互いを道具のように利用し合うという場合です。

イヌを使ってヤマウズラやクロライチョウの狩りをする猟師は、イヌと獲物という生の場面を自分のために役立て、そして一発の発砲とともに、自分勝手にこの場面に終止符を打ちます。また、軽量の車をどこにもぶつけずに牽いていくというイヌの能力は、広く盲導犬を仕立てるために利用されています。台車の上に人間の背丈の枠を取り付けて訓練すれば、イヌは、はじめのうち三、四回はぶつけますが、それから先は、車の代わりに視覚障害者を牽かせても、その人に危険となるあらゆる障害物を避けて通るようになるのです。

日本人は、ウ（鵜）を漁の道具として利用しています。彼らはウを川の中に潜らせて魚を捕らせますが、ウはそれを呑み込むことができません。首に縄が締めつけてあるからです。猛獣の調教師は、激昂したライオンが襲いかかるのは、彼ではなく、彼が手にしている鉄の棒であって、しつこく責めたてるその棒を自分の敵と見なすのだということを、心得ているに違いありません。

次に、動物たちもまた生きた道具を利用することが知られています。たとえば、木の葉の家を造るセイロン産のツムギアリの一種は、その木の葉を自分の幼虫たちに貼り合わせさせるのです。アリの幼虫はそこでは成虫の生きた道具となっているわけです。しかしこれにかぎらず、結局のところ、他の生物の環世界の中で何らかの役割を演じているすべての生物は、その生物の道具になっていると見なすことができるでしょう。たとえば、ミツバチは花の道具であり、逆に花はミツバチの道具でもあるのです。

この道具と役割の問題に寄与するもっとも注目すべきものの一つが、あるチョウ類研究者による、ほとんど知られていない報告の中に見出されます。一八八八年に出されたその報告の中で示されているのは、ある動物が別種の動物の《生の舞台》に忍び入って、その別の動物の役割を自分自身の獲物をおびき寄せるのに利用する、というもので、この場合、この別種の動物は、おとりの道具として利用されているわけです。

すなわち、その報告によれば、アルプス山脈南部の谷にはミノガの一種で*Psyche atra*という学名の青灰色の小さなガが夥《おびただ》しく生息しています。その雌は翅がなく、大きさは雄の五、六倍あり、そのうえ柔らかくてまるまると太っています。そして何百という卵を産みます。雌は幼虫の段階が終わるとすぐに、その腹部を一種の袋に包みますが、この袋を植物の細片で覆うので、ちょうど植物が這って歩いているような感じを与えます。さて、この時期にある一つの出来事が――まるで人間の策略的な搾取を思わせるような出来事が起こるのです。すなわち、これらの雌の一四一四のまわりに何百というアリの親衛隊が集まってきて、交尾のために飛んでくる雄のガを待ち伏せているのです。雄たちは、あわれにも舞い降りるやいなやアリたちの襲撃を受け、翅を嚙みちぎられ、そしてそれからゆっくりと平らげられてしまいます。雌のガは、こうして、アリにとってはもっぱらおとりの手段となっており、それゆえいつまでも交尾に至ることができません。交尾してしまった雌は、もはや雄をおびき寄せることはありませんから。アリのこの戦術には、さらには次のようなことまでが計算に入れられているように思われます。すなわち、それ自体として分量の大きい一匹の雌を食べるよりも、小さくとも数の多い雄を集めた総量のほうがより大きな食料となる、という事実です[1]」

原註（1）　昆虫学会の通信雑誌『イーリス』（Iris）（ドレースデン、一八八七〜一八八八年。一五二頁、「*Psyche atra* var. *bicolorella* について」）より。

第五章　ドラマとしての生

二つの環世界　種に応じた行動と個別的な行動　生のドラマ、生の場面　不変の役割と交代する役者　ナイチンゲール―永遠の歌曲とつかの間の歌い手　役者と衣装　役割の期間の問題―生のドラマの帰結としての死　生存闘争、適者生存　新種の産出か種の保存か―偶然の変異か適合か　メンデル、バーバンク　ド・フリースの突然変異　新しい意味を伴ったゲシュタルトの変化　対位法的な構成、向目的的な変異

大学理事は笑みを浮かべてうなずいていたが、やおら立ち上がると川下のほうへ足を運んだ。折しもその川下では一羽の巨大なハクチョウが川原に上がってきて、翼を広げシューシューと音を発しながら、館の主人の小さなダックスフントに襲いかかっているところであった。

ダックスフントはしかし、自分より優勢な相手にたじろぐこともなく、ボールさながら、

ハクチョウの片方の翼を跳び越えて、その尻尾に噛みつこうとした。ハクチョウが慌てて向きを変えると、ダックスフントは少し後ろに下がって、再び果敢な仕草でハクチョウの翼をひらりと跳び越えると、その尾羽をひきむしった。もう一度、ハクチョウは攻撃を繰り返した。そして勝利を収めたのは、またしてもダックスフントのほうだった。その後、ハクチョウは安全な水の中へ戻っていったが、その間もダックスフントは川原を行ったり来たりしながら大声で吠えつづけていた。

理事は再び私たちのほうに向き直ってこう言った。

「これはちょうどよい場面をご覧いただけたようです。というのも、いまの一場は二つの環世界の違いをはっきりと示しているからです。ハクチョウの環世界では、すべては種にもとづいて運ばれますが、一方ダックスフントの環世界では、その行動は個別的なものとしてなされるのです。

あのハクチョウの行動は、百パーセント、ハクチョウとしての種にもとづいたものです。ハクチョウは《敵》の意味をもつ何らかの生物が川原に現れれば、いつでも水から上がって攻撃を加えます。巨大な翼を広げたハクチョウは危険な相手であり、これには私たち人間も後ろへ引き下がらざるをえません。

あのダックスフントの行動は、しかしそれに対して、もとよりすべてのイヌ類の行動と同じものでもなければ、同じ品種の他のダックスフントの行動と同じものでもなく、あのダックスフントだけの個別的な性格にもとづいたものです。彼はどういうふうにすればハクチョウに打ち勝つことができるかを発見すると、後は再三再四その戦術を繰り返し、そしてご覧のとおり、勝ちを収めました。

ところで、概して言うと、イヌをはじめとする飼い馴らされた動物の場合は、種に応じた行動か個別的な行動かを明確には識別しがたいところがあります。こうした動物は、種に応じてもいなければ個別的でもない、人間の利益になるような行動をとるよう、知らず知らずのうちに人間によって仕込まれてしまっているからです。イヌとネコの敵対でさえもがまったくの躾けの産物なのです。

皆さん方のなかでどなたか、動物がまったく自発的に行なったような個別的な行動をご存知ないでしょうか」

私はそこで、かつてタンザニアのダルエスサラームで目撃したある印象深い場面のことを紹介した。「あるとき、マンゴーの大きな木の下に一頭の若いライオンが首にロープをかけて繋がれていました。ライオンは大きな鼾をかいてぐっすり眠っていました。木の上には、黒人たちの家の庭で狼藉をはたらく半ば野生のゲラダヒヒの一匹が腰を下ろしていました。ゲラダヒヒは物音を立てずにそっと木から下りると、ライオンの後ろに回ってその尻尾をおもいきり引っぱりました。ライオンは驚いて目を覚まして吠え猛りましたが、しかし、何の手出しもできませんでした。ゲラダヒヒは電光石火、木の上に駆け上がってしまい、悠然と高みの見物を決めていたからです。やがてライオンは落ち着きを取り戻すと、また横になって眠ってしまいました。さて、それから同じ場面が繰り返されたのです。ダックスフントとハクチョウの場面が繰り返されたのとまったく同様に、同じ場面が同じ運びで、三回にわたって私の目の前で演じられました」

理事はそれに対して次のように言った。

「たしかに、そのゲラダヒヒの行動は、種に応じたものでない、そのゲラダヒヒ独自の個別的な行動だと言えますね。

さて、こうした個別的な行動に対して、私はここで、ハクチョウと同様の、種に応じた行動の例をもう一つ挙げてみたいと思います。トルテンの書物に出ているレア（アメリカダチョウ）の例です。レアの雄は、五、六羽の雌たちが広い巣の中に生み落としたたくさんの卵を自分で温めます。そのさい巣の周辺には二、三個の卵が置き去りになったまま腐るに任せてありますが、やがて温められた卵が孵化し始めると、レアはそれらの腐った卵の一つを大きな脚で踏みつぶしてしまいます。その腐敗臭が雛たちの餌になるクロバエの大群をおびき寄せるのです。

この雄のレアの行動は、種に応じた行動のまさに典型とも言えるものですが、こうした行動は、それを遂行する個体が次々に代わっても、あらゆる世代において同じように反復されるものです。

レアにせよハクチョウにせよ、生はそこでは、ビルツが明瞭に示してくれたように、一連の生の場面からなるドラマのようなものです。そしてこれらの場面は、個体によって若干の違いはあっても、つねに同じ仕方で反復されるのです。

そこではドラマの中の役割はつねに同じものであり、ただ役者が交代するにすぎません」

ここでフォン・W氏がこう言った。

「そうした役割と役者の関係をとりわけはっきりと示している一つの具体例があります。これはナイチンゲール（サヨナキドリ）を扱う商人にはよく知られていることですが、ナイチンゲールのさえずる歌は全部で一六節から成り立っており、しかもこれを完全に歌うことができる歌い手はごくわずかしかいません。ちょうど人間のオペラ歌手と同様に、アリアを完璧に詠唱できる有能な歌い手もいれば、完璧さに達しえない劣った才能の歌い手もいるわけです。

しかし、そのアリアそれ自体は、一つの完結した全体をなすものであって、またたんにか細い音の連なりにすぎないにもかかわらず、自然の一部として、人間の手に成るどんな作品よりも長つづきのするものです。このアリアは、ナイチンゲールが存在して以来、すなわちピラミッドの建設よりもはるか以前から、変わることなく歌われてきましたし、またナイチンゲールがこの地上に存在するかぎりは、これからも繰り返し歌い継がれていくことでしょう。それは永遠に定められたナイチンゲールの役割の一部を成しているのです。ただ個々の歌い手は、皆が皆同じようには歌いこなすことができないだけのことです。

ちなみに、歌の上手なナイチンゲールを飼おうとすれば、次のような雄を捕えなければならないことが分かっています。すなわち、しきりに歌を歌って雌を呼び寄せるものの、まだ一度も結ばれたことがなく、したがってまた、卵を温めている雌の前で歌曲をさえずって、彼女が自分の庇護のもとにあることを表明したこともない雄――そういう雄の鳥です。雌と結ばれた後で捕えられた雄は、すでにその役割を演じ終えていますから、籠に入れられると死んでしまいます。それに対して、童貞のまま捕えられた雄は、その役割に従って求愛の歌曲を歌いつづけるのです。こうして、そのアリアはその歌い手をいつまでも生に繋ぎとめておくわけです」

大学理事がこう言った。

「不朽の歌曲とつかの間の歌い手というその対比はたいへん印象的ですね。それからすると、まさにその永遠のアリアが、そのつどの歌い手を絶えず新たに生み出しているのだと、――そう考えられなくもありません。

ただ、そこで忘れてならないことは、このアリアは個々のナイチンゲールによって反復される愛の場面の、たんに一部でしかないということです。つまり、ナイチンゲールの身体は、他ならないこの愛の場面に合わせて形成されているのであって、そしてこの愛の場面にもとづいて、不変の歌曲を雌に歌って聞かせるというその能力を与えられているのです」

コンラート・ローレンツ
(1903-1989)

画家がそのとき声高にこう言った。「クジャクの雄の振舞いの場合もそれと同じことが言えますよ。クジャクの雄は、雌を引きつけようとして、またライバルを追い払うために、雌の前でその絢爛たる羽を扇のように広げますが、世代が替わり役者が替わっても、このきらびやかな場面はつねに変わることなく演じられます。そしてそのつど新たに、その羽が同一のきらびやかな衣装として使われるのです。ですから、ナイチンゲールにおいてもこのクジャクにおいても、その身体を形成する誘因となっているのは、まさに場面に他ならないと言えます」

私はこう言った。

「ローレンツが一羽のホシムクドリから経験したことも、そのことを裏づけるものです。彼の部屋の中で育てられたホシムクドリは、それまでまだ一度もハエを目にしたことがありませんでした。ところがある日のこと、ホシムクドリは、想像上のハエを部屋の中に見つけると、それを目がけて飛びかかり、その架空の獲物をつかんだ恰好をしてテーブルの上に舞い降りてきました。そして型どおりに嘴でつついた後で、それを呑み込む仕草をしたのです。

ローレンツはこのホシムクドリの行動を、機械の空転——たとえば、脱穀機なら脱穀機が、穀物の束が中に入っていなくとも作動しつづけるという、機械の空転になぞらえています［真空反応］。つまり、ホシムクドリの身体は、はじめからハエを捕える行動のために作られていて、偽りの刺激を受けた場合でも、その行動が引き起こされる仕組みになっているのだというわけです。

すべての動物の身体は、はじめから、生の場面場面で演じるべき役割のために作られており、その役割の担い手にはこれらの場面のテクストがあらかじめ書き込まれているのです。

ホシムクドリと想像上のハエ

同じくローレンツが示したハイイロガンの雛の振舞いは、それを端的に示すものでしょう。この雛は、卵から孵るやいなや《母と子》という最初の生の場面を演じ始めますが、そのさい、動くものであれば何にでも《母》という意味を刷り込み、たとえそれが人間であっても自分の母親のようについて回るのです」

フォン・W氏が言った。「それはまたおかしな振舞いですね。そうすると、私たちはたんに役割とこの役割を演じる役者とを区別するだけでなく、同時にまた、役者の身体を、その役者の衣装だとも見なさなければなりません。自然という衣装棚から役割に応じて取り出された衣装である、というふうに」

理事が笑って次のように言った。

「仰せのとおりです。しかし、その自然の衣装棚のことを取り上げる前に、私はここで一つの興味深い問題を指摘しておきたいと思います。それは役割の期間の問題、つまりこの期間がどんな尺度で計られるのか、という問題です。

ナイチンゲールに関する経験的事実が教えているのは、役割のノーマルな進行が捕獲によって妨げられた場合、そしてそれ以降、雌を誘い寄せる生の場面が婚姻へと辿り着かないままにいつまでもつづけられることとなった場合には、役割の担い手の生存期間が長く引き延ばされるということ、一方、ノーマルな生の場合は、婚姻が果たされ役割がすべて演じ終えられたときをもって、死が訪れるということです。

役割の期間は、したがって、客観的な時間の単位によってではなく、一連の生の場面からなる生のドラマという単位によって計られなければなりません。

数多くの植物や動物の生が冬の到来とともに終息するのは、それらの生のドラマがまさに季節のリズムに合わせて演じられるからに他なりません。スズメバチの社会では、その集団の生は途方もない革命と自己抹殺によって閉じられますが、これも同様に、その生のドラマが幕を閉じたことにもとづいているのです。

ですから、こうした生物の死に対して、普遍的な生存闘争なるものをもち出し、それだけをその死の唯一の原因と見なすようなことは、まったく筋違いなことなのです。死はそれぞれの生のドラマの必然的な帰結なのであって、そのさい、死んでゆく動物が他の生物の餌食になるとすれば、それは自然の賢明かつ恵み豊かな計らいを示すものに他なりません」

動物学者がこれに異を唱えた。

「それぞれの生に、いわゆる自然死が存在することは認めましょう。しかし一体どれくらいの生物がこの自然死を迎えるというのでしょうか。一組のつがいから生まれた子どもたち――そのうちのじつに夥しい数にのぼる子どもたちには、生存闘争による早すぎる死が待ち受けているのです。

このような死が示しているのは、それがさまざまな変異の可能性のなかから新しい種が生み出されてゆくための手段に他ならないということです。なぜなら、環境にもっとも適応した変種のみが生存闘争のなかで生き残っていくからです」

それに対して私はこう言った。

「たしかに変異の幅には驚くべきものがあります。おもに遺伝の研究用としてショウジョウバエのさまざまな品種が交配されていますが、あれを眺めていると、まるでどこかの病院の中に迷い込んだような錯覚にとらわれてしまいます。そこに登場するのは、無眼のもの、翅の縮れたもの、その他何らかの点で発育不全の変種であって、そしてそれらの欠陥のいずれもがさらに次の世代へと受け継がれていくのです。

ところで、こうした奇形はもちろん生存闘争のなかでは除去されてしまいますが、それはしかし、新しい種の産出とは関わりのないことであって、むしろ種をノーマルな状態に保存する働きをなしているのです」

理事がここで口をはさんだ。

「新種の産出か種の保存か、というその問題を解決するためには、種をそれ自体一個の生物体として――つまり、きわめて長い寿命をもった、しかしその構造がとてつもなく単純な一個の生物体として考えてみるのがいいでしょう。

個々の生物は、一組の雌と雄が婚姻し、数多くの子どもを生むことによって家族を形成します。生まれた子どもたちのうち、しかし新たな婚姻を結ぶのはごく少数だけで、残りの大多数はそれより以前に生のドラマから消え去ってしまいます。

これを種という大きなまとまりで捉えれば、種を一つの網目状の組織からなる一個の生物体に見立てることができるでしょう。つまりその組織とは、その無数の網目の結節点から数多くの子孫が作り出され、しかもそのうちのもっとも生命力のあるものだけがあらゆる生存の危険を切り抜けることによって、全体が一定不変に保たれるよう仕組まれている、そういう組織です。

さて、もし種がこのような単一の生物体であるとするならば、言い換えれば、各世代にわたって生み出されつづける個々の個体をその諸器官とするような一個の生物体であるとするならば、少なくともそうした諸器官が務めを果たしているかぎりは、種がその諸器官の形態を変える必要はどこにもないと言わなければなりません。

むしろノーマルな種にあっては、そのあらゆる器官は、役割の担い手として生の場面場面において自分の務めを果たし、生のドラマにぴったりと適合していますから、もしその振舞いに著しい変化が生じれば、それは有害な作用しか及ぼさないことになります。ただ外界の生存条件が変化した場合、――そのような場合にはじめて、特定の変種が役立つものとなりうるでしょう。

しかしまた、この場合の変種とは、けっして運を天に任せて生じたような偶然の変異などではなく、もっぱら新たな条件に適合したもの、――たとえば、鐘の舌が鐘の中に嵌め込まれているように、あるいは錠前に鍵が合うように――ぴったりと適合しているものにかぎられるのです」

「しかしですよ」と動物学者が激して言った。「メンデルが示したように、異なる形質をもつ任意の両親を交配すれば、運を天に任せて何らかの新しい雑種が生み出されるということ、このことはあなたも認めざるをえないでしょう」

私はこれに対してこう言った。

「メンデルが示したのは、たんに両親の形質が混合されるということだけではなく、同時にそれが再び分解されもするということであり、そしてこちらのほうがずっと重要なことなのです。

例としてアンダルシア品種のニワトリの例を取り上げてみましょう。このニワトリには白色と黒色の二つの品種がありますが、この二つを交配すると、次の世代では雑種として青色のニワトリが生み出されます。けれども、その次の世代になると、早くもこの雑種は四分の一の白色種と四分の一の黒色種に分かれて、青色として残るのは二分の一だけになります。そしてさらに数世代後には、この雑種は完全に姿を消してしまうのです」

動物学者は躍起になって言った。「それでは、ルーサー・バーバンクはどうなんです。彼がたくさんの新しい植物品種を作り上げたことは誰も否定できないでしょう」

私はこう答えた。

「私たちはなにも、種が新しい品種を生み出すこと自体を否定しているわけではありません。もし外界の生存条件が変化して、ある個体には特に有利となり他の個体には不利となれば、その場合には、種が言わばその諸器官を変えることによって新品種を形成することも当然ありうることです。

そしてバーバンクはまさにこのことを利用したのです。彼は夥しい植物種についてそのさまざまな変種を調査しましたが、たとえばウチワサボテンでは、とげの付いていないサボテンを数株発見しました。これらのサボテンはとげのあるものよりも人間の食物にいっそう適していましたから、バーバンクはそこで、それらに適合したまったく新しい外的条件を作ってやりました。そしてそれによって、それを新しい品種へと育成したのです。本当の変種といえるもの——ド・フリースに従ってこれを《突然変異体》と呼んでもいいのですが——、こうした変種とは、種の生命がある別な目標へと飛躍的にその方向を転じたことを示すものなのです」

動物学者が怒鳴るように言った。「自然の中にそんな本当の変種なるものが存在するのであれば、それを証明していただきたい。それはたんなる形式の変化ではなく、同時に新しい意味をも伴った変化——つまりは、ゲシュタルトの変化を示していることになるのでしょうが」

私は次のように答えた。

「二つの興味深い実例を挙げることができます。一つは熱帯地方にいるとげの短いウニの場合です。このウニは地中海の近縁種と同様、すばやく物をつかまえる捕食叉棘をもっていますが、その叉棘の三本の爪が袋状の皮膜に包まれるという変異を示しています。この皮膜は明らかに生きた動物プランクトンをつかんで離さないためのものです。

これよりももっとはっきりしているのは、もう一つの例、すなわち、同じく熱帯地方に見られるとげの長いガンガゼ属のウニの場合で、これは、そのすべてのとげの先端に毒の入った水胞を付けています。この変異は、熱帯の海にあって地中海の近縁種よりもずっと激しい生存闘争に晒されているところから、敵に対する防御をより強固にしようとして生じたものに他なりません。

ところで、このウニの有毒のとげととげの隙間には、珊瑚礁に棲むヒカリイシモチなどの小魚が、しばしば大きな魚に追われて逃げ込んできます。ウニは影に敏感で、何であれ視界が翳ると、きまってそのとげを閉じてしまいますから、珊瑚礁の小魚にとっては、迫ってくる敵から身を守ってくれる絶好の避難場所となるわけです。そしてこの種のウニにはすべて、その背面に青く輝く斑点が付いていますが、これはその小魚を誘い寄せるシグナルとなっているもので、私はこれも同様に計画的な変異だと考えています。

一体、動物の個々の器官とその環世界の意味の担い手とのあいだには、よく見れば、つねにこのような鍵と錠前という対位法的な関係が見出されるのです。とげの短いウニにおいては、その毒叉棘はヒトデの管足に、たたみ叉棘は小エビの脚に、捕食叉棘はプランクトンに、そして掃除叉棘はウニの体表に堆積した塵に、それぞれ鍵が錠前に合うようにぴったりと適合しています。

また、波の砕け散る磯辺には、そもそもこれらの錠前に当たる生物が存在しませんから、それに応じて、そこに生息しているウニも錠前に合うような鍵はもっていないわけです」

動物学者はこれに対して異議を唱えた。

「私は生物の諸器官が外界の事物に適応していることを否定するつもりはありません。私が否定するのは、しかしこの適応が、対位法的な構成とか向目的的な変異とかによって、はじめから計画されていたとする見方なのです。いま挙げられた向目的的な変種の例も、何百年もの歳月をかけて獲得されていったものと考えられます。

ともかく、あらゆる生物の途方もない数にのぼる子孫が抹殺されてしまうという事実、この事実に何らか納得のいく説明をつけていただかないかぎりは、自然においてはすべてが計画的に進行しているなどと言われても、私には承服できません」

私は皮肉な笑みを浮かべて言った。

「あなたもリンゴを摘みとったり、さらにはニワトリの卵を食べたりもなさるでしょう。そんなとき、果たしてあなたは、生存闘争の殺し合いに参加していることになるのでしょうか。あなたが必要とする食べ物は、むしろ自然のほうから贈り物として差し出されているのではありませんか。リンゴやイチゴを摘みとることを、闘争と呼ぶことはできません。果実は自然の定めに応じて私たちに与えられており、さまざまな生物種に食料を提供する役目を担っているのです。

また、もしあなたがニワトリの卵で良心の呵責を感じるのでしたら、どうかプランクトンのことを考えて下さい。このプランクトンは海水面を雲霞のように埋めつくしている食料の大群であり、その大部分は生物の卵と幼生から成り立っています。卵や幼生はそこでは、夥しい種の生命を維持するための、自然の実りの雨となっているのです。

魚どうしで通常行なわれる闘いにしても――これは海の中に絶え間ない血の雨を降らせま

すが——、この雨もまた、他の種に食べ残しの死骸という食料を提供しているのです。

要するにここで言えることは、人間が考え出したようないわゆる総力戦なるものは、自然の中には存在しないということです。二匹の動物が命懸けの闘いをする場合でも、それはつねに、勝算があるかないかが十分に考量された上で、はじめて行なわれることなのです。

たとえば、機敏に飛び回るコウモリが、それよりもずっと鈍重なガに仕掛ける戦いのことをお考え下さい。仮にこのガがその戦いをまともに受けていれば、とっくに絶滅していたことでしょう。ところが、ガにはコウモリの鳴き声にチューニングされた固有の聴覚器官が備わっていて、それが敵の接近をすばやく警告してくれるのです。

あるいは、ウニの毒叉棘のことを考えて下さい。この毒叉棘はヒトデのような強力な敵の攻撃でも十分に退けることができるものです。

またイタヤガイは、もしその無数の眼点のお蔭で、敵の接近をすばやく察知して泳ぎ去ることができなければ、とうの昔にヒトデの確実な獲物となっていたことでしょう。

こうした実例は、さらにいくらでも付け加えることができます。ヤドカリは自分の家をジャコウダコの攻撃から守るために、なんと用意周到に、刺胞のあるイソギンチャクを背負っていることでしょうか！

もういいかげんに、ダーウィン流の生存闘争を自然観察から排除すべき時期に来ています。これは人間の戦争を正当化するために自然界一般に移し入れられたものであって、自然の観察に対してはあり余るほどの弊害をもたらしてきたのです」

「戦争の正当化などというのは」と動物学者が抗議した。「平和主義者のダーウィンに対する言い掛かりというものです。彼はただ自然を十分に解明しうる理論を目ざしていただけなのです」

「仮に一人の子どもがですよ」と私は苛々して答えた。「自分ではままごとの台所に火を付けるだけのつもりだったとしても、そのために一つの森全体が焼失してしまうことだってあるんですよ」

第六章　役割、環世界、生の場面

ダーウィンの進化論　機械論―動物学、生理学　分析に対する総合―生物学　生命のネットワーク　生のドラマと人間のドラマ　二つの舞台　場面が命令し各役割が従うということ

大学理事が笑って言った。

「わが生物学者はダーウィンという名前を聞いただけで頭に来るようです。もちろん、ダーウィンが進化論の祖であるからで、それも根本的には、彼が生命のないものと生命のあるものとを区別できなかったということが、その理由のようです。

生命の諸現象に対しては機械論とは別な解釈がありうるのだということ――こうしたことは、ダーウィンにはまったく思いも寄らないことでした。その背景には、当時の風潮となっていたイギリス国民経済学の学説がありました。すなわち、社会的な貧富の差を、優勝劣敗という単純な事態に還元して説明できるとした経済学説です。

ダーウィンはこのきわめて疑わしい学説を基盤として、さらには生物における無方向的で

無計画的な変異という概念を取り入れることによって、生物界の成り立ちに関するその機械論的な解釈を——環境に適応した生物のみが存続し、生存闘争を勝ち抜いた変種はすべて新しい種の発端と成りうるというその解釈を、打ち立てました。こうして彼は、生物の共同体を否定したその著書を、『種の起源』と題したのです。

これを受けた動物学者たちの全関心は、現存している種を、過去の種から、生存能力のない中間種［ミッシング・リンク］——そんなものはじつはありはしないのですが——、それを辿って系統づけるという問題に向けられました。もはや生命独自の法則性などは介入の余地がなく、すべては機械論的に説明できるものとされたのでした。

動物学におけるこの機械論的な趨勢には、同時に生理学の側からのバック・アップもありました。生理学は当時すでに純粋に《分析的》な学問となっていたからです。

チャールズ・ダーウィン
(1809-1882)

生理学者たちは、カエルとカイウサギとイヌを研究対象としてよく取り上げますが、しかし彼らにとっては、これらの動物が実験台の上に置かれたときには、すでにその生活領域から引き離されてしまっているのだということは、何ら問題ともなりませんでした。彼らは、もっぱら動物体の全機能をその諸器官から、そして諸器官の機能をその組織細胞から、機械論的に導き出そうと努めたのです。――こうして動物学と生理学は、ともに機械論的な解釈によって生命独自の法則性を葬り去るという共通の目標を目ざしてきたのです。

さて、これに対して、生物学は《総合的》な学問であり、動物の行動を、動物が組み入れられている生命の大きな連関性のなかから理解しようとするものです。

たとえば、一匹のマルハナバチが私の側を飛んでいくとしたら、そのハチは一つの生の場面からもう一つの生の場面へ向かおうとしているのだと見ることができます。ことによると、キンギョソウの花の中へ潜って、蜜を吸い、同時に自分の身体に花粉を付けることになるのかも知れません。

ところで、私が予期したのとはまったく違った展開をしたので、いまでもはっきりと覚えている一つの生の場面があります。ちょうど一匹のオニグモが目を見張るばかりのすばらしい巣網を造り上げたところで、オニグモはその巣網の真ん中に陣取って獲物のハエを待ち受けていました。ところが、そこへすばやく飛び込んできたのは、ハエではなくてスズメバチだったのです。スズメバチはクモの頭を噛みちぎると、その胴体をくわえて飛び去ってしまいました。

つまり、ある別なドラマが通常のドラマの進行を妨害したわけですが、しかし一般に、こうした別なドラマとの関わりは、私たちが動物の何らかの行動を観察しているときにはつねに見かけられるものです。

私たちの周囲の自然には、至る所に生の道が、――それぞれの動物の生の場面を次から次へと繋いでいる生の道が、縦横に走っているのです。ネズミの巣穴の前で待ち伏せをするネコ、骨をくわえて走り去るイヌ、カラスムギの穀粒をついばむスズメ、ウマの堆肥を目がけて飛んでくるマグソコガネ、――すべてこれらの動物はそれぞれの生のドラマに不断に適合しており、その生のドラマは、発生から死に至るまでその道筋が確固として定められていて、世代が違っても同じように反復されます。そしてこうした一つ一つのドラマは、そのいずれもが、数多くの別のドラマと結ばれているのであって、その別のドラマからさまざまな生の場面での共演者を提供されているのです。

こうして、動物の全活動の間には一つの生命のネットワークが漏れなく張りめぐらされており、さらにこうした動物の全活動には、植物のさまざまな生命現象が接続されています。そしてこの植物の生命現象は、さらにはまた、昼夜と季節の推移のなかへと織り込まれているのです」

フォン・W氏がそれに対して次のように言った。

「たしかにそのように見ていけば、生命によって結び合わされた諸関係の全体を概観することができるわけです。ところで、そうした生物学的な考察は、生を一つのドラマとして捉えるところから出発していますが、そうであれば、私たちはまずはじめに、私たち人間のドラマ、つまり演劇を生物学的に考察しておく必要があるのではないかと思います。

一体、ある戯曲を上演する場合には、少なくとも二つの異なる環世界を、すなわち、舞台で演じる役者の環世界とその舞台を鑑賞する観客の環世界という、それぞれ別々の環世界を考慮に入れなければなりません。しかし実際はそれにもかかわらず同じ一つの舞台装置が用いられています。これは注目に価することではないでしょうか。

舞台上の大小さまざまな道具類には――室内の家具であれ、戸外の家並みや木々であれ――、それぞれそれなりの消極的な役割が割り当てられていますが、それらの道具類がその役割を果たしうるのは、役者と観客の双方にとって、それらが同じ意味をもっている場合にかぎられます。

事実、先ほどの利発なハエの例が教えているように、行為をする人間は、彼が用いるあらゆる事物に対して意味の配布を行ない、それぞれ特定の意味のトーンを――たとえば椅子には座席のトーンを、コップには飲用のトーンを与えていますが、その場合、それらの事物は、たとえ感覚器官に映じたその見え方が人によってどれほど異なっていようとも、この意味のトーンにおいては、その使い方を知っているあらゆる人間にとって同一のものであるわけです。

つまりは、役者と観客のあいだでの意味の共有ということが戯曲の上演を可能にしているということです。このことは、しかし逆に言えば、戯曲の上演には一定の制約が加えられているということでもあり、たとえば、現代のサロン劇を、舞台上の事物の用途を知らない原始的な黒人部族の前で上演するのは無意味なことでしょう。

さて、仮にある動物、たとえばイヌを人間の舞台に立たせたとして、その舞台像を想像してみれば、この両者の舞台のあいだには大きな隔たりがあることがただちに判明します。イヌは人間の舞台を満たしている大半の事物にはまったく注意を払わないばかりか、たんに障害物としか見なさないことでしょう。ただ、イヌ自身にも利用できる椅子に対してだけは座席のトーンを与えるかも知れません。しかしまた、その下に潜り込めるテーブルには屋根のトーンを、絨毯にはベッドのトーンを与えるかも知れません。

逆に人間がイヌの舞台に足を踏み入れたとしたら、この場合も、事態はよりましだというわけではありません。イヌがもっとも好んで通る道なき道は、人間にはたいてい辿っていくことのできないものです。臭跡の上に臭跡が幾重にも交差した地面のパリムプセストは、イヌの鼻にのみ判読可能なもので、人間の鼻には不可能なのです。

イヌの舞台で主役を演じているのは道端の縁石ですが、人間はその側をなんら気にもとめずに通りすぎてしまいます。

これに関して私たちの生物学者が行なった調査によれば、イヌが目にとまったあらゆる事物に尿をかけて回るのは、一種の占有行為であるとのことです。世の中には、ありとあらゆる見晴らしのよい場所に自分の名前をサインし、そうすることで、価値があると見なした事物に個人的なトーンを与えたがる人がたくさんいますが、これと似たようなものでしょう。

しかしまたイヌの場合は——とりわけ自分の家の近くでは——自分のサインで他のすべてのサインを塗りつぶしてしまい、そしてその匂いのサインをもって、よそ者のイヌに対して自分のなわばりをはっきりと示す標識とするのです。面白いことには、臆病なイヌにあっては、近所のイヌが付けたなわばりの標識をかき消してしまう勇気がなく、側のほうに自分の個人的なしるしを添えるだけで満足してしまうのだそうです。

こうした人間とイヌとのあいだの生の場面は、ですから、同時に二つの舞台の上で演じられるのであって、それゆえ二人の人間どうしや二匹のイヌどうしのあいだで演じられる場面よりも、はるかに複雑で捉えにくいものがあるわけです。

そして、同じことは、種の異なる二つの動物が一つの生の場面の中で出会うすべての場合についても言うことができるでしょう。しかしながらこうした場合においても、そこに場面が成立しているとすれば、それはそれら異なる役割の担い手たちの行動が、もっぱらその場面の規則によって専制的に支配されているからに他なりません。

あのレアの例を思い出すだけでいいでしょう。雄のレアには卵を孵すようあらかじめ場面のテクストが書き込まれています。置き去りになった卵を踏みつぶすようレアに指示するのは、この場面であり、そしてその腐敗臭は、そこでは同時に、クロバエの舞台でのおとりの働きをしなければなりません。さもなければ、その場面は、若い雛たちに餌を調達するという課題を果たすには至らないでしょうから。

場面が命令し、各役割がそれに従う。――レアとクロバエのこうした行動は、端的に言えば、そう言い表すことができます。そしてこのことは、すでにあのハイイロガンの雛の行動からも引き出すことのできたものです。すなわち、ふつうなら当然雌のガンに与えられるべき母親のトーンを、そのガンがいないために、あろうことか一人の人間に刷り込んだという、あの雛の行動のことです。この場合も同様に、母と子という場面が命令し、そして役割の担い手は――対位法的に要求される共演者が存在しないにもかかわらず――、その命令に従っているのです」

第七章　館の池の畔にて

ハムレット―ドラマと原ドラマ　生のドラマと原ドラマ　各役割の対位法的適合　役割のための衣装　身体の構成―技術的法則か意味か　動物の生得の技能と人間の個別的経験　身体構成の技術への原ドラマの作用　結晶、再生　シュペーマン　形態形成の展開―原腸胚、三胚葉、器官の芽体　物質的なものと非物質的なものの結合の手段としての役割　医学の課題

私たちはときどき立ち止まってはまた歩き出すというそぞろ歩きで、館の池の畔に辿り着いた。小さな小舟を繋いだ船着場があり、その側の茂みの陰に二脚の白いベンチが置かれていた。そこからの池の眺めは風情のあるもので、まわりを緑に囲まれた池は、その暗い水面に庭園の樹木の影を映してひっそりと静まり返っていた。

私たちはそのベンチに腰を下ろした。やがて大学理事が語り始めた。

「シェイクスピアのハムレットですが、私は以前からずっと、彼が書いたハムレットはいわ

ば原ハムレットであって、これが今日に至るまで数多くの舞台で繰り返し上演されてきたのだと考えています。上演されるのはつねに同じドラマであり、ただ役者が入れ代わるだけなのです。あるときはシュミット氏が、あるときはフィッシャー氏が、ハムレットを演じるというふうにね。ところで、私は生のドラマにおいても――その作者が誰であるかは私たちには分かりませんが――、この生のドラマにおいても、これと同じ関係が認められるものと考えざるをえません。そこにはつねに原ドラマが存在し、そしてこの原ドラマの各場面が命令を下し、その命令にそれぞれの役割と役割の担い手は従わなければならないのだ、と。

ですから、先ほど私がレアの行動を種に応じた行動だと言ったのは、正確ではありませんでした。種は役割の担い手の行動には何らの関与もしていません。種の任務は、たんに適切な役割の担い手を世代ごとに送り出すということでしかありません。種が役割の演技者をたえず新たに生み出すとすれば、しかしその演技者の形態を定めているのは、種ではなく、ドラマなのです。

そして一般にドラマの各場面においては、それぞれの役割はつねに対位法的に互いに適合し合わなければならないのですから、いまやどうして、たとえばマルハナバチとキンギョソウのような天と地ほども隔たっている二つの種が互いにぴったりと適合し合っているのか、ということも理解できるわけです。

レアが置き去りになった卵を踏みつぶすという行動もまた、その原ドラマの指示に従っていることになります」

フォン・W氏がそれに対してこう言った。

「それはたいへん重要なご指摘だと思います。そしてそうした見方は、理事さん、いまあなたがなされたように、動物の生のドラマを、私たち人間によって書かれ人間によって演じられるドラマ（演劇）と比較することから、開かれてくるわけです。

ですから、こうした比較をさらにつづけてみてはいかがでしょうか。——私たちの舞台劇では、いずれの役割にもそれぞれの決まった衣装が必要であり、俳優はそれを着用することによって役割を演じることができます。一方、動物の場合は、そんなふうに役者が自分の衣装を着けたり脱いだりするケースというのは、私の知るかぎり一つしかありません。

あれはたしかミンケーヴィッチだったと記憶していますが、彼が示したクモガニ科のヒキガニの場合がそれです。このカニは甲羅に小さなかぎ針がいくつも付いていて、そのかぎ針にアマモの色づいた葉を付着させます。そこでミンケーヴィッチは、このカニを入れた水槽の周囲に色紙を貼りつけ、水槽の中には色とりどりの毛糸を入れてやりました。するとカニは、水槽の主調をなす色紙の色と同じ色の毛糸を選んで、それを身に着けたということです。

これに対して、ヨーロッパタナゴというコイ科の小さな魚の光り輝く婚礼衣装は、たしかに同様に取り替えの利く衣装ではありますが、しかしこの衣装の場合は、体色自体の変化で

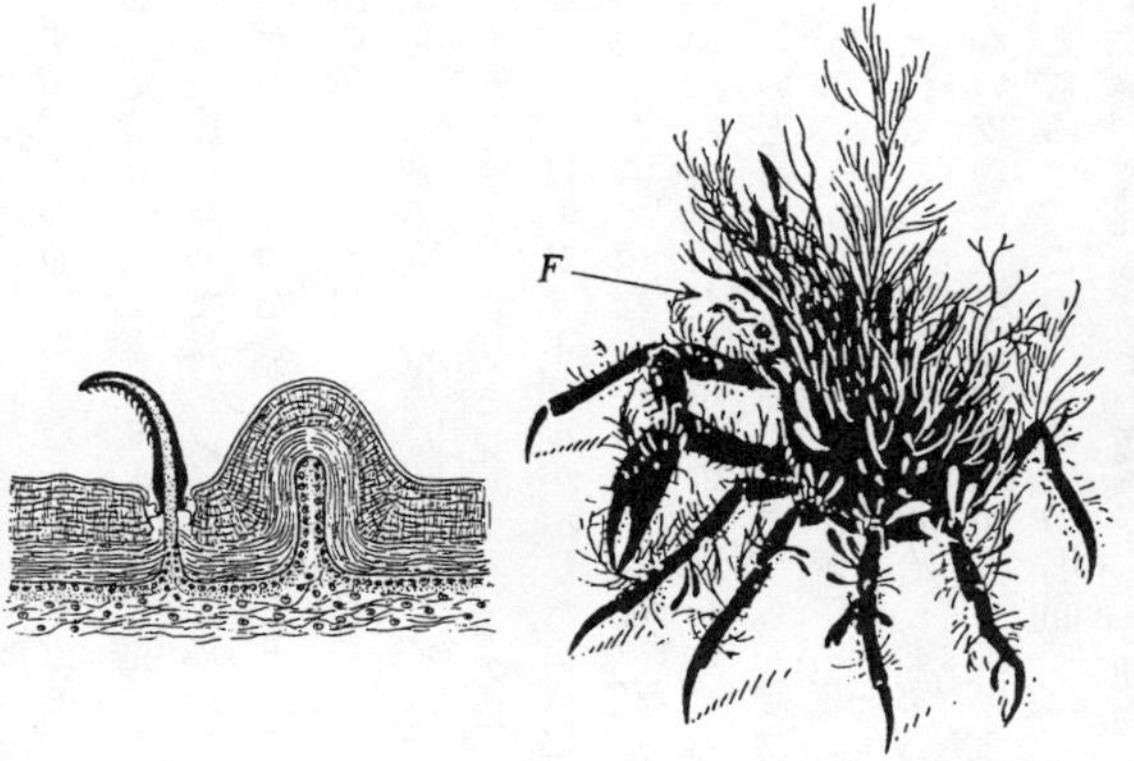

クモガニ科のヒキガニと、そのかぎ針。Ｆ：触角

あって、しかももっぱら交尾期にのみ色を変えるというものです。その交尾期になると、雄は雌をドブガイのほうへ誘い寄せ、このドブガイに向かって精子を排出します。一方それに対して、雌は長い産卵管を伸ばし、ドブガイの出水管を通路としてその鰓葉《さいよう》中に卵を噴射するのですが、ともあれ、心をそそられるこの生の場面は、雄の皮膚が変色することから始められるのです。

あるいは、体色の変化としてこれよりももっと印象深いのは、カレイの皮膚の変色で、その変色はカレイが寝そべっている海底の、背地の紋様を正確に再現するというものです。

また、色は不変であっても、多くの鳥類の羽の色は、それが異性に何らかの印象を呼び起こす場合は、やはり同様に衣装と見なすことができるでしょう。これに含まれるものとしては、まず第一にクジャクの華麗な羽がありますが、その他にも、たとえば雄ガモの多彩な翼鏡があり、雄ガモは雌ガモがそばを通りすぎるときは、この翼鏡をしきりに雌にひけらかそうとします。

また広い意味では、ライオンの単色の皮膚、トラの縞模様、ヒョウの斑点模様も、それぞれが役割にあった衣装と見なすことができます。すなわち、それらの衣装は、ライオンは荒野の砂に、トラはジャングルの草むらに、また木の上に生息するヒョウの場合は、その木の葉むらに映る陽光の斑点模様に、それぞれ似せられているのです。

しかしまた、衣装と見なされるのは、色かたちとはかぎっていません。奇妙なことですが、J＝H・ファーブルが示したように、オオクジャクサンの雌が雄を誘い寄せるのは、その色かたちではなく、ある特殊な、私たち人間には感じられない匂いなのです。その匂いが何マイルも離れた雄に愛の場面を始めるよう仕向けるのです。

匂いと言えば、ダニにとっても、獲物の接近が告知されるのは哺乳類の汗の匂いによってであり、その匂いが誘因となって、ダニは何年にもわたる長い眠りから目覚めて、獲物を手に入れるという生の場面を開始します。そしてただちに、獲物の毛皮という障害を克服し、温かい皮膚に穴を穿つ行為が繰り広げられてゆきます。

ところで、このダニの生の場面では、汗の匂いと体温とが獲物を識別する手段となっていますが、これらはその獲物となる動物から見れば、その属性のごく限られた一部でしかなく、しかもまったく瑣末な属性であって、身体全体の形態とは何ら関わりのないものです。ですから、これをしもなお衣装と見るかどうかは、研究者によって判断の分かれるところだと言えるでしょう。

もしかしたら研究者のなかには、コウモリの鳴き声を――それによって他のコウモリたちは仲間を識別し、一方、ガは自分たちの敵を識別するのですが――、この鳴き声さえをもコウモリの衣装と見なす者もいるかも知れません。

いずれにせよ、こうした広い意味も含めての衣装の形成に、生の場面が関与していること

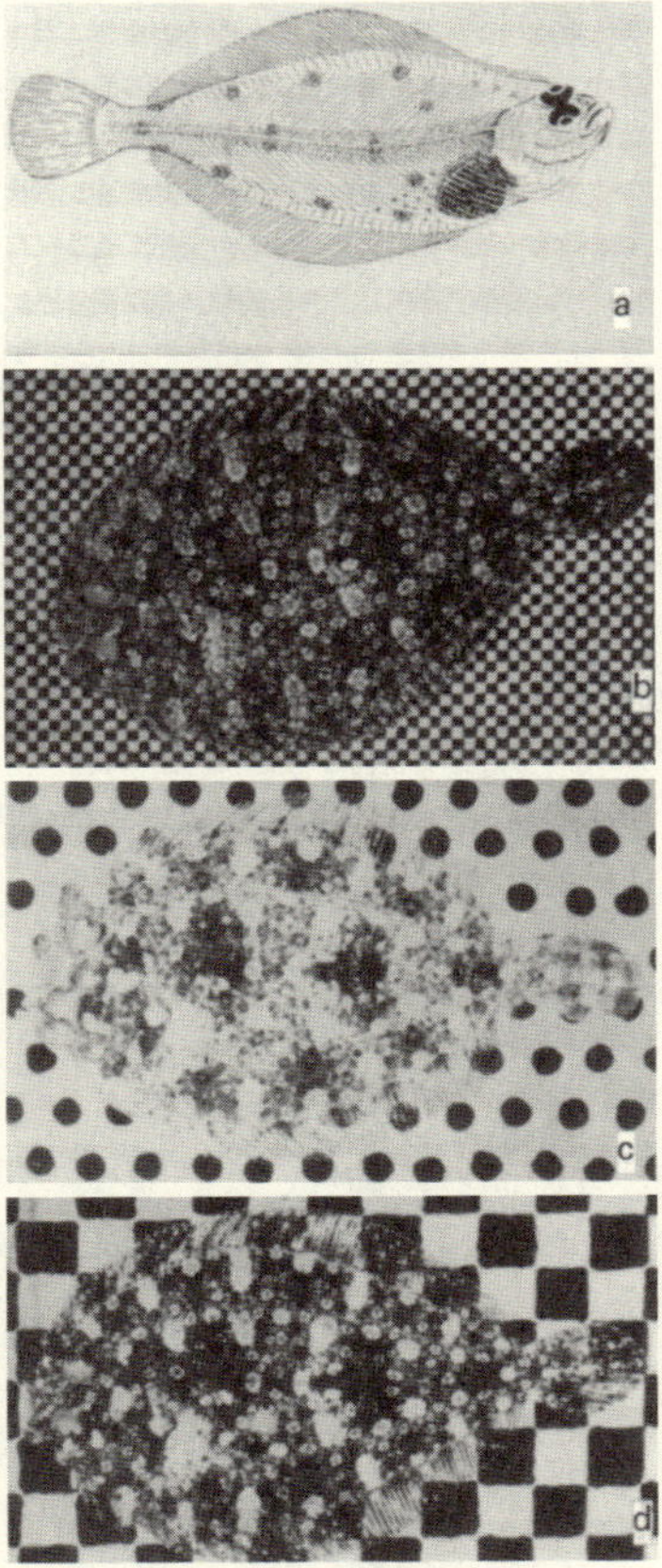

カレイの体色変化。ａ：幼魚、ｂ－ｄ：背地の違いと体色変化

は異論の余地がありません」

動物学者がそのとき発言を求めた。

「あなたが何を言おうとされているのか、もう分かりましたよ。あなたは先ほど、生の場面が各役割を割り振るのだと断言されました。次にいまは、どのような役割にもそれぞれ決まった衣装が必要であるとおっしゃいました。そしてその場合、人間の役者はそのつど役割に合った衣装をまとうのに対して、動物の衣装は生まれつき身に備わっているのだということを示されました。さてそこであなたは、つづいて次のような推論を導き出すおつもりなのでしょう。すなわち、動物が生のドラマを遂行していくには、場面場面によってそのつど別の衣装が必要であり、そしてそうとすれば、動物の身体は、もっぱらその役割に応じたさまざまな性質から成り立っているはずだ、と。

さらにはまた、どの生の場面においても、それぞれの役割には対位法的な相手役が必要であるとすれば、動物の身体というのは、結局のところ、環世界の反映——相手役の総体としての環世界の反映以外の何ものでもないことになる、と。

あなたのこうした見方によれば、環世界と環境とは厳密に区別されることになります。いわゆる環境はそこでは役割とは何の関係もなく、動物の身体にたんに機械的に作用するだけの周囲の外界以外の何ものをも意味しないものとされます。

またあなたの見方によれば、羽の衣装をもつ鳥類は、大気との、厳密に言えば大気の一部である可動的な空気との対位法的な関係にあります。
またひれの衣装をもつ魚類は、流動体たる水との対位法的な関係にある。もっとも多種多様であるのは陸生動物の衣装で、これらの衣装はその陸生動物の対位法的な相手役である大地が、急勾配であったり、平坦であったり、砂地であったり、岩場であったり、沼地であったりするのに、それぞれ対応している。それからまた、こうした動物の相手役のうちの非常に多くのものが植物に割り当てられていて、しかもこの植物は植物で、同様に多くの、対位法的な関係にある動物の諸性質を、相手役のそれとして必要としている。そしてそうしたことによって、さまざまな生の場面が定められたとおりに秩序正しく演じられるのだ――と、まあ、こういう次第ですね。

要するに、あなたのお説によれば、役割が動物の身体全体の構成を規定しており、そしてその役割それ自体は環世界の多数の相手役と対位法的に結ばれている、ということになります。

しかし、果たして身体の構造を規定しているのは、本当に役割なのでしょうか。この命題には、遺憾ながら私は疑念を差しはさまざるをえません。ここでも具体的な例を使って言うとすれば、仮にある家が新築されたとして、その家の中へ案内されて、部屋の間取りや階段、窓の配置を示されたとします。案内した施主はそこで、こうしたすべては自分の指示どおりに行なわれた、と言うかも知れません。

しかし、家を建てたのは彼ではありません。実際に家を建てたのは建築家なのです。つまり、素材を熟知し、家が倒壊しないためには、必ず適用されなければならない静力学上の法則をマスターしている建築家なのです。建築工学のすべてに精通したこの建築家によって、施主の指示は、そのうちのどれが実行可能でどれがそうでないかがチェックされるのです。

さて、そこで動物の身体の構成に目を向けてみましょう。あなたは動物身体の構成は生の場面の——これはつまり、いまの例で言えば施主に当たるわけですが——、その生の場面の指示どおりに行なわれると主張しました。しかし一方、従来の比較解剖学では、構成の責任を負っているのは建築家、つまり機械的な法則のほうであるとされてきました。私の知るかぎり、キュヴィエなどは、脊椎動物の技術的な構成法則が分かっている以上、一本の歯があれば、その動物の身体全体を復元することができると主張しているほどです。一体そうすると、動物の身体の構成に責任を負うべきはどちらなのでしょう。生の場面でしょうか、それとも技術的な法則でしょうか。

しかしこうした難問は、もしダーウィンのように、現存している動物種を生存闘争による淘汰の結果であると考えれば、すべて解決されてしまいます。すなわち、無方向的に変異するあらゆる動物身体の中で、技術的な構成法則にもっともよく合致し、それゆえまた、さまざまな生の場面においてライバルよりも優位に立つこととなった身体——そういう身体だけが、生存闘争を勝ち抜いて存続しえた、ということです。

講談社学術文庫のシンボルマークはトキを図案化したものです。トキはその長いくちばしで勤勉に水中の虫魚を漁るので、その連想から古代エジプトでは、勤勉努力の成果である知識・学問・文字・言葉・知恵・記録などの象徴とされていました。

ダーウィンの適者生存説が、当時の国民経済学者の見解から導き出されたものだということは、この説の正当性を何ら損なうものではありません。

両者の学説は、優れた者が劣った相手に打ち勝つという、疑う余地のない真理に依拠しているのです。その場合、何が優れているのかというのは、まさにさまざまな性質が――すなわち、強さ、機敏さ、すばやさ、あるいは、よりよい聴覚、嗅覚、視覚などが挙げられますが、要するに、ある変種の構造そのものが他の変種よりも優れている、ということです」

これに対して私はこう応酬した。

「動物学者が《生の場面》や《技術的法則》といった生物学的な対立概念をお使いになるのは、それだけでもすでに一つの前進と見なすことができます。それによって、表面的な諸概念では片づかない真の問題領域に踏み入らざるをえなくなるからです。表面的な諸概念とは、つまり、生命の諸法則を生命のない事物のメカニズムから導き出そうとしたダーウィンの学説に用いられた諸概念のことですが。

それはともかく、動物学者がいま私たちに突きつけた問題――すなわち、生物体の構成に責任を負うべきは、技術的法則なのか、あるいは生のドラマにおける意味のほうなのか、という問題は、看過することのできないきわめて重要な問題です。キュヴィエが脊椎動物をその歯から復元するというのは、たとえ彼がそのさいに技術的法則を用いるとしても、この問題に決着をつけるものではありません。なぜなら彼のその作業は、まずもって、その歯が肉食動物の歯であるのか草食動物の歯であるのかということ、言い換えれば、その歯がその動物の生活のなかでどんな意味をもっていたのかということの検討から始められるからです。いかなる動物の身体も技術の法則に反しては形成されえませんが、しかしまた、そこに何らかの意味の介入がなければ、同じく形成されることができません。もっとも、その意味が一体どんなふうに作用しうるのかは、多くの場合、私たちには理解しがたいことなのですが。

ヤドカリは海底にある巻貝の殻を自分の家として使いますが、このヤドカリの尾部の形態が、巻貝の殻の構造それ自体によって左右されたりすることは、もとよりありえないことです。ヤドカリの尾部が巻貝の家をつかむ巻きつけ器官として形成されているのは、意味に従っているわけです。

よく知られているように、翅に眼状紋のあるチョウは、その翅を開くことによって追ってくる鳥を追い払います。鳥がその眼状紋を自分の敵であるネコの眼と錯視して逃げてしまうからです。この眼状紋も明らかに意味に従うものです。ところでこの場合、鳥とネコの関係をチョウが知っているはずがありません。また、あのレアも、腐った卵の匂いがクロバエをおびき寄せる手段になるとは、たしかに知らないはずです」

理事がこう言った。

「おっしゃるとおりです。それに関連したことですが、人間の場合はぴったり合う鍵を作るとなれば、まずその前に、錠前がどんな錠前であるかを自分の感覚器官を通して知っていなければなりませんが、動物の場合はその必要がありません。クモはハエというものをまだ見たこともないうちから、錠前にぴったりと合う鍵のように、ハエの身体にみごとに合致した巣網を張るのです。

どうしてこんなことが可能なのでしょうか。その答えは芝居のプログラムの中に潜んでいるように思います。たとえば、ハムレットの上演予告を見てみましょう。プログラムの左側には、ハムレット、王、王妃、オフィーリアなどの登場人物が記されています。その登場人物と向かい合わせの位置には、役者の名前、すなわちフィッシャー氏、ミュラー氏、マイヤー夫人、シュルツ嬢などの名前が載っています。

戯曲の登場人物はいつも同じ顔ぶれですが、役者のほうは上演のたびに変わります。さて、クモがハエと演じるドラマですが、このドラマもまたつねに変わることのない同一のドラマであり、しかしその役者のほうは、世代ごとに次々と変わります。ですから、この場合にも、仮にプログラムを作るとすれば、同じようなプログラムができるでしょう。すなわち、その左側には、クモ＝ハエ＝芝居の各役割が――クモとハエというつねに同一の役割が記載され、右側には、役者として、第一世代はaとb、第二世代はcとd、第三世代はeとfといった名前が挙げられることになります。つまりこの場合にも、原ドラマの一定不変の配役と、この原ドラマをシナリオとする生のドラマの、そのつど異なる演技者とを区別することができるわけです。

原ドラマに配されている配役を、現実に私たちが出会う生きた各個体から区別するのは、それらの配役が全体として一つの構成体をなしているということです。それらは日々行なわれる生存の営みからは、島のようにくっきりと隔てられています。それらは独自の精神的な共同体を形成し、鍵と錠前のような相互関係に置かれています。そしてこうした対位法的な相互適合は、何らかの感覚的な経験に負うものではなく、ドラマの構成によってはじめから組み合わされたものなのです。ところで、原ドラマがそれの模倣としての生のドラマに移される場合、動物にあっては、そうした相互適合もまた、そのままいっしょに移されるのですが、まさにこのことが私たち人間には驚くべきものに思われるのです。というのは、人間によって営まれる現実の生のドラマは、もっぱら個人的な経験の援用によって築かれているからです。ハシゴが生の場面に登場するのは、人間が登攀するときに自ら経験したことに負っています。また、椅子は腰かけることを覚えたときにはじめて作られたのです。

私たちの実用品は、鍵が錠前に合うように、私たちの身体の諸器官と適合していますが、それらはすべて人間の個人的な経験にもとづいて製作されたものです。それに対して、動物自身によって造られた事物――クモの網や鳥の巣や、モグラ、ミミズなどの地中の巣穴といった事物は、動物の生得の技能から生じたものなのです。

動物の行動と人間の行動の最大の違いは、動物の行動が役割どおりに進行するのに対して、人間は自分に課せられた役割と一致するとはかぎらない、個人的な行動を実行するという点にあります。

さて、これで私たちは、先ほど生物学者が出した問題に答えるための材料を見出したことになります。すなわち、言葉を換えて言えば、動物の身体が成立するさいに、生のドラマの意味の規則が技術的な法則に関与してくるという事実をどのように考えるべきかという問題です。いま見たように、人間の実用品は、意味の規則に則りながら技術的法則に従って製作されます。そのさい人間は、意味の規則と技術的法則のいずれをも知っていなければなりません。これに対して、クモの巣網も、同様に、意味に従って技術的な可能性を利用しながら造られますが、しかしクモは、場面の意味法則もクモの糸の技術的法則も知ってはいません。ですから、もしこのように、場面の意味法則が造形の技術的法則に対して、それらの諸法則を当の造り手が知らないままに決定的に関与しうると言うのであれば、個体発生、つまり生物体の構成においても、原理的にこれと同一のことが行なわれるのは、何ら不可解なこととは見なされなくなります。

ともあれ、ここでは道具の造形についてはさておくとしましょう。私たちがここで問題とすべきことは、では、不滅で身体をもたない原ドラマの役割は、死すべき演技者の身体構成の技術的法則に対して、一体どのように作用しているのか、ということです」

私はこう切り出した。

「その問題は、生物以前の結晶にまで遡らなければならない問題であると思います。結晶が母液から成長するのを見つめていると、まるでこの結晶が半ば生き物であるかのように思われてきます。結晶は飽和した母液の中から数学的に規則正しい形をして析出しますが、この形にはどんな異形もありません。形が毀損した結晶は、母液の中で成長を始める前に、まずその毀損箇所を修復し、そして完全に修復し終えたときにはじめて、その形式をさらに四方へと拡大してゆきます。結晶には空間の占有以外の機能は定められていませんから、その大きさには何の制限もありません。

それゆえ、結晶には、何らかの意味を遂行する衝動はないにしても、しかし不変の形式衝動は内在していると見てよいでしょう。結晶がそのイオン格子を規則正しく拡大しつづけるのは、それがある内的な衝動に——すなわち、それ自体は非物質的で潜在的な、しかし形式において顕在化されることとなる、そうした内的な衝動に、従っているからなのです。

さて、同様の形式衝動は、生物においては《再生》のなかに認められます。

扁形動物やプラナリアがその恰好の実例です。プラナリアの体を横か縦に切断すると、切り離された各断片からは、それぞれの欠損した部分が再生されます。仮にプラナリアの前部を縦に切って頭を二つに割ってやれば、その半分ずつの頭がそれぞれに再生して二つの頭をもったプラナリアが出来上がります。こうした場合にも、機能にはお構いなしに純然たる形式衝動が働いているわけです。

同様のことをブラウスは、大腿部の器官の芽体、すなわち関節窩の器官芽体を摘出したときに発見しました。そのとき生じたのは、形は本来のものとそっくり同じで、大きさだけが縮小した関節窩、言い換えれば、大腿部の関節頭がもはや嵌まり込まないような小型の関節窩だったのです。この場合に働いているのも、やはり機能にはお構いなしの純然たる形式衝動であるわけです。

それに対して、すでに機能を始めている器官の再生は、根本的に異なった結果に至ります。ヴェセリーが示したところでは、若いウサギの水晶体が破壊された後、毛様体の張力によって通常よりも格段に大きな水晶体が再生されると、骨質の眼窩も含めて眼球の残りの部分までもが併せて肥大するということです。そのとき、その手術されたほうの眼はもとの二倍の大きさになりますが、しかしその機能はもう片方の正常な眼とまったく変わりがありません。この場合に認められるのは、もはやたんなる形式衝動ではなく、機能の影響を受けた形式衝動であると言わなければなりません。

ハンス・シュペーマン
(1869-1941)

ところで、シュペーマンによるみごとな移植実験から、形式形成の衝動は意味の介入によって方向転換しうることが知られています。イモリの幼生の原腸胚期に将来表皮となる部域の細胞と将来脳となる部域の細胞とを交換すると、それぞれの移植片は簡単に移植先に癒合して、その部域の器官の意味を受け入れるのです。とりわけ興味深いのは、カエルの原腸胚の予定表皮がイモリの原腸胚の将来の口の部域に移植された場合です。この場合も、カエルの予定表皮は成長すると意味に従って口に転換しますが、しかしイモリの口ではなく、本物の歯ならぬ角質の顎をしたオタマジャクシの口になるのです。

ここで発現しているのは、紛れもなくカエルの原腸胚の移植片に内在しているカエルとしての形式衝動です。しかしまた、この形式衝動は、すでにその意味が表皮から口へと方向転換された後にはじめて発現しているというわけです」

そこで理事が次のように言った。

「周知のように、すべての多細胞動物における胚形成の初期は同一の過程を辿ることが判明しています。まず最初に、胚細胞が幾重にも分割され、全体としてクワの実のような形態になります（桑実胚）。次に、分割細胞は相互に分離して一層の細胞壁からなる中空の球状体を形成します（胞胚）。その後、この球状体の一極が内部に陥入して、第三の段階である原腸胚が形成されます。この原腸胚は胚葉と呼ばれる三層の細胞層から成り立っています。つまり、陥入箇所である原口のあたり、内胚葉と外胚葉との中間に、中胚葉が生じてくるわけです。

外胚葉は表皮と神経系が形成されるもととなり、内胚葉は内臓を形成し、中胚葉は循環系、骨格、筋肉へと発達します。

ドリーシュが述べているように、原腸胚の初期に至るまでの細胞は、いずれも同等の潜在的可能性を有しています。すなわち、それらは任意に交換可能なものであり、全体としていまだ未分化な動物芽体を形づくっているのです。したがって、それらの細胞は将来どのような器官にも分化することができますが、ただしそこには、その動物全体の形質の範囲内で、という制限があります。というのは、たとえばカエルの原腸胚初期の胚細胞は、いくら任意の器官細胞になることができるとしても、しかしカエルの細胞以外のものにはなりえないからです。

原腸胚が形成されたあと、三つの胚葉が成長とともに相互に絡み合って関与しながら、胚は器官の芽体に分化し始めます。そして最終的に成体が出来上がることとなりますが、この器官芽体も、はじめのうちは、それ以前の段階と同様に、相互に交換可能な——しかしまた器官ごとにあらかじめ定められた可能性の範囲内で交換可能な——同質の細胞から成り立っています。

さて、こうした過程において認められるのは——そしてとくにこの点に皆さんの注意を促したいのですが——、生の場面において認められたのと同様の法則がそこに支配しているということです。すなわち、形式、つまり役割は不変であって、ただ質料だけが、つまり役割を演じる細胞だけが交代するということです。言い換えれば、胚から成体へと至る形式形成は、生の各場面においてと同様に、役割の展開として、すなわち、未分化な動物芽体に始まって各器官の芽体に分化し完全な成体へと至る、一つの役割の展開として、捉えられるわけです。そしてそこでは、いずれの器官の芽体もそれぞれ別な意味をもっており、そしてこの意味領域に入った未分化な細胞は、いずれも、その意味のなかへと編入されるのです。こうして、私たちの目の前で演じられる形態形成のドラマにおいても、その役割はすでにあらかじめ定められているのであり、ただ実際に演じられんがための生きた細胞を必要としているだけなのです。私たちの目に実際に見えるのは、物質的に遂行される形態の変化だけですが、しかしそのドラマがこのようにつねに同じ仕方で役割に従って行なわれるからには、私たちはそこから、形態を形成しているのはまさにその役割に他ならないのだと帰結することができるでしょう。

　私はこうしたことから次のように考えるに至りました。すなわち、役割とは生命がそれを用いて物質的なものと非物質的なものを結びつける手段である、ということです。

　形態形成においては、その役割の任務は、まず当初未分節な自己の本性を生きた胚細胞に移し入れ、次に自らが見ること、聞くこと、動くことなどの意味圏域へと分節されるとともに、この分節を胚細胞に刻印し、胚細胞をそれに対応する視覚器官、聴覚器官、筋肉などに分化する、という点にあります。

　私はこれでもって《心身の問題》が解決されるなどと言うつもりはありません。しかしこのように考えれば、精神と身体（物体）といった概念も、ある程度整理することができるのではないかと思います。

ともあれ、このように考えれば、いわゆる個体発生が役割に従って遂行されるのは容易に理解されることになるでしょう。また、動物が自分の巣などを造る行動が個別的な経験の介入なしに行なわれることも、同様に明らかとなります。それに対して、人間は経験にもとづいて実用品を製作し、それゆえまた、さらに手を加えていっそう完全なものに仕上げていくことができますが、こうしたことは動物が役割に従って行なう作業では不可能なことなのです。

巣造りなどにかぎらず、動物の大半の行動は同様に役割に従って行なわれます。——レアの雄が卵を温めるのも、置き去りになった卵を踏みつぶすのも、純粋に役割に従った行動です。一方、ダックスフントのハクチョウに対する攻撃は経験から生まれたもので、さらにいっそう磨きがかけられていくものです。

ここで興味深いのは、私たち人間における食物の摂取は、料理を飲み下すまでは経験に従って行なわれ、しかしそれから先は、身体の役割に従った消化に引き継がれていく、ということです。

医者が取り組まなければならないのは、とりわけこうした身体諸器官の役割であると言えますが、その役割とは、その確固として定められた非物質的な範型を生きた身体物質に刻印するものに他なりません。それゆえ、医学はけっして機械論的な学問とはなりえないのです。なぜなら、力学が扱うのはもっぱら生命のない物質的元素の相互作用にすぎないからです」

第八章　構成のトーン、特殊エネルギー、染色体

建築のトーン　構成のトーン　ミュラーの特殊エネルギー
発生と行動と消滅―生命のメロディー　空間へと移し入れられた
時間法則　音楽的構成（作曲）の比喩　細胞分裂　染色体、
刺激小体の鍵盤、モーガン　構造か総譜か

しばらくのあいだ沈黙がつづいた。誰もが理事の言ったことを考え込んでいたからである。ようやくフォン・W氏が口を開いてこう言った。

「一般に物質界の事象は、力学の何らかの事例をモデルにして説明がついたときに、はじめて完全に理解されるものです。

これはしかし、生命の事象に対しては根本的に不可能なことですから、私はここで、逆にこの力学の事例のほうを生命的なものとして捉え直してみようと思います。

いま仮に、私たちの前に住居と礼拝堂の建築資材が山積みに用意されているとします。ただし、その建築は生命と同じように進行していくものと仮定します。その前提となるのは、

これらの建築資材がたえず物質代謝を行なう生きた素材である、ということです。あらゆる素材ははじめのうちはどれも等価で、任意に交換することができます。なぜなら、それらはすべて同一の建築のトーンによって、つまり一方は住居、他方は礼拝堂という、それぞれの建築のトーンによって支配されているからです。

それぞれ役割の定まった建築が進められていくなかで、その建築のトーンは壁のトーン、階段のトーン、屋根のトーンへと分節されます。そしてそれとともに、各素材はそれらのトーンに対応する建築領域へと区分されます。こうした三つに分けられた建築のトーンは、その後さらに分節されてゆきますが、そのうち、壁のトーンからは、役割に従っていくつかの窓のトーンが生じてきます。これらの窓のトーンは、しかし礼拝堂の建築と住居の建築とでは違ったものです。礼拝堂の場合はステンド・グラスで出来ていますから。

もし、住居の建築を始めるさいに、その壁の素材を礼拝堂の壁の素材と取り替えたとしたら、後になってその結果が歴然と現れてくるに違いありません。なぜなら、出来上がった住居の壁には礼拝堂の色とりどりの窓が取り付けられている、といった恰好となるでしょうから。——つまり、そこではシュペーマンの実験と同じことが認められることでしょう」

それに対して私はこう言った。

「いまお示しになった一連の建築のトーンという見方は、たいへん当を得たものです。基本的にはそれと同じことが、人間の胎児の発生の場合にも言えるでしょう。

ここでも、すべての胚細胞に共通の建築のトーン、言い換えれば、構成のトーンから出発して、次にこの構成のトーンのいくつかのトーンへの分節が行なわれます。すなわち、消化のトーン、運動のトーン、感覚のトーンへの分節ですが、これらのトーンにはそれぞれ別々の器官の芽体が対応しています。このうち、たとえば感覚のトーンからはさらに視覚のトーンが分離し、それとともに感覚器官の芽体からは眼の芽体が成立します。そしてこの視覚のトーンがさらにまた分けられて、青、赤、白などのさまざまな色彩の質が成立するのです。

構成のトーンの分節のこの最後に位置するもの、すなわち《感覚の質》は非常に重要なものです。なぜなら、それはヨハネス・ミュラーによって発見された《特殊エネルギー》を示すものだからです。周知のように、私たちの眼が何らかの仕方で刺激を受けるとき、私たちはその刺激の種類に対応した感覚によって応答するのではなく、つねに光と色によって、つまり、この感覚の質によって応答しています。すなわち、この感覚の質とは、構成の最後のトーンとして私たちの生きた身体の構成の締め括りをなすとともに、私たちの環世界の構成にも仕えているのです。

こうして、私たちの身体の構成は、私たちの環世界の事物の構成へと直接的に繋がっていくわけです」

動物学者が言った。「あなた方は確かな事実に立脚することを忘れて、まるで空想の海の中を漂ってでもおられるようです。役割の構成トーンなるものが生物の身体的事象に働きかけているなどという、その証拠は一体どこにあるのですか」

私はこう答えた。

「その証拠は、身体の形態形成とその形態による行動とが交互に入れ替わるあの生物、すなわちアメーバに見ることができます。すべてのアメーバは流動状の内質である内胚葉から出来ており、水や空気と接触するその外側の部分は、凝固した状態の外胚葉になっています。

すべてのアメーバは、むき出しのものであれ薄い外皮のあるものであれ、ごくかぎられた形成の可能性しか有していません。たとえば、ある種のアメーバは敏捷な紐状の仮足を体内から作り出します。この紐はその先端が吸盤になっていて、それによって物の表面にしっかりと付着することができます。それから紐を縮めて前方に移動したり、あるいは紐に養分がくっつくと、それを体内に取り込んだりします。そうした後、やがて紐全体が体内に引き入れられて流動化されてしまいます。そして、それからまもなくして、別の箇所からまた新しい紐が現れてくるのです。

このアメーバの生命のメロディーは、たった三つの音の反復からなる原始的なメロディーのように、器官の形成、器官の行動、器官の解体から成り立っています。そしてそこに見られるのは、つねに同じ役割であり、そしてそれが反復されるたびにそのつど新たに身体物質が使い尽くされるという光景です。

別のアメーバには簡単な摂食網を作り出すものもあり、その網状の仮足に餌の微生物がくつつくと、網もろとも体内に取り込んでしまいます。さらに別のアメーバでは、短剣状の仮足を舌のように突き出して泥の中から餌を釣り上げるものもあります。

太古以来、アメーバというこのちっぽけな生物の体を、繰り返し同じ仕方で形成し解体してきたのは、つねに同一の取るに足りないような役割です。しかしその役割は、いついかなる場合にも確固として定まったものであって、一方、その身体はつかの間のものにすぎません。流動状の身体物質は形態を獲得してその仕事を終えると、再び物質代謝のもとに帰してゆくのです。

このような事象には、それを探っていけば教えられるところが多々あります。ゾウリムシは私たちの肉眼に見えるぎりぎりの大きさの繊毛虫の一種ですが、これは外胚葉がすでに固い外皮となっています。その外皮には一面に繊毛がついており、その繊毛を使って細長い螺旋状の軌道を描きながら水中をすばやく動き回ります。その環世界はきわめて単純なものです。それは障害物と餌だけから成り立っていて、障害物からは逃げ去り、餌の前では立ち止まって、これを体内に取り込みます。

そのさいゾウリムシは、そのつど新たな水泡をいっしょに呑み込みます。いずれの水泡も、まずはじめに塩酸で満たされた胃に変容し、その中ですべての餌の生命が絶たれます。その後、この胃は小腸となり、酸が消えて消化酵素が現れます。小腸はそのあと中腸となって、消化した養分を水の出し入れによって流動状の内胚葉へと送り込みます。そして最後に水泡は後腸となって、不消化の残りかすを集めて体外へ排出するのです。

このゾウリムシの消化の場合にも、発生と行動と消滅とが、つねに定まった順序で繰り返されます。すなわち、役割が不断に物質を支配しているのです。時間的に継起する消化の各段階は、まだここでは、多細胞動物のように空間的に別々の器官へと分化されてはおらず、同じ器官が各段階に応じて変化するのですが、その各段階の順序は役割によって定められているのです」

理事が言った。「たいへん説得力のある実例です。そして、そうした実例を見るかぎり、私たちはいまや確信をもって、生物に関する一つの根本的な命題を導き出すことができるでしょう。すなわち、その命題とは、すべての有機体の形成は、ある時間法則が空間へと移し入れられることにもとづいており、かつその空間の次元では、そこにおける物質に妥当する技術的法則の顧慮のもとに行なわれる、というものです」

動物学者が異を唱えた。「しかしそんなふうにおっしゃったところで、まだ依然として、有機体の形成は物質の技術的法則のみにもとづいているのではないかと見ることもできます。その反駁にはなっていません」

理事はそれに対してこう答えた。

「そのことは一つの例証によってただちに反駁できるでしょう。

ある歌曲の音楽的構成（作曲）における一連の音響感覚は、純粋な時間法則に従っていま

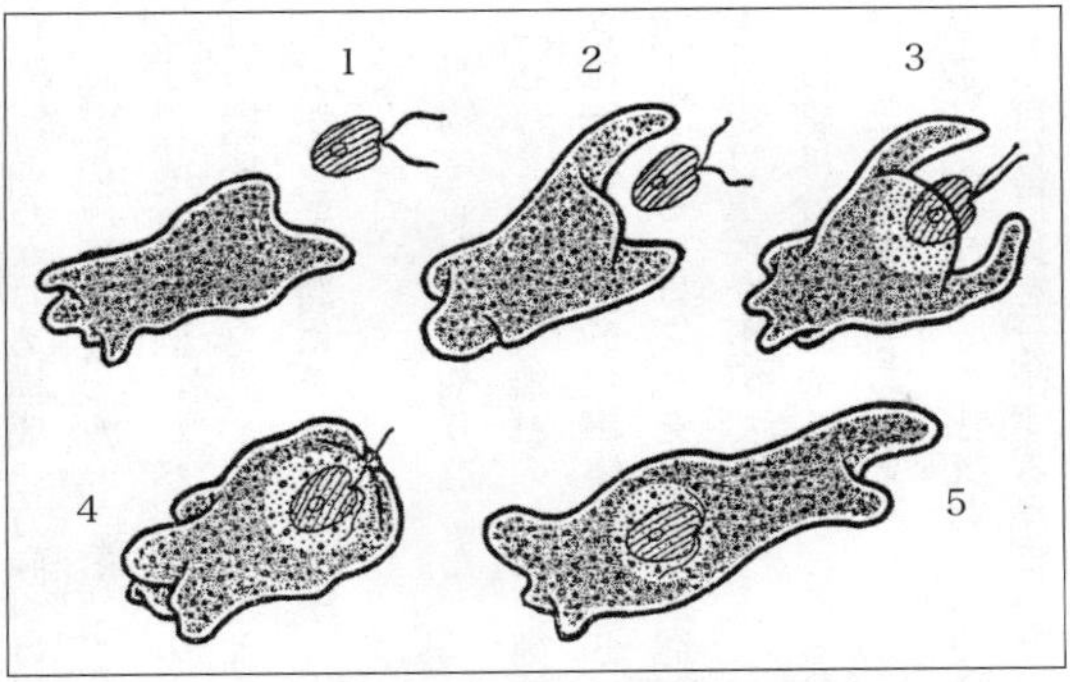

アメーバが体内に鞭毛虫を取り込む過程

す。この音響感覚が実際に音になるときにはじめて、すなわち、私たちの喉頭が音響感覚を空間的に連続する空気の振動に変えるときにはじめて、空気の波動の発生と聴覚器官におけるその共鳴とを支配する技術的な法則が介入してくるのです。もし私たちの音響感覚を支配しているこの純粋に時間的な法則がなければ、たんなる技術的法則は空気の振動を生み出すだけで、けっして音楽的に構成された楽曲をもたらしはしないでしょう。アメーバの器官の産出が構成のトーンにもとづいていると言った場合も、その構成のトーンが意味しているのは、完全に非空間的で非物質的な、ある純粋な時間法則のことなのです。

この構成の法則が身体の構成のなかに具体化されるときにはじめて、現象としての身体に対して物質の技術的法則が支配することとなります。――しかしこうした技術的法則はけっして、構成のトーンという、あらかじめ構成を方向づけている時間法則を支配するものではありません」

画家が声高に言った。「そうすると私たちは、生命の構成のトーン（感覚音）と同じレベルのものと見なすことができるわけですね。比喩的に言えば、生命は有機体の形成を――私たちのように――外から知覚しているのではなく、心のなかで作曲しながら、同時にそれをメロディーとして歌い、かつ耳で聴いているのだと言うこともできるでしょう」

動物学者がこうやり返した。

「私はそんな現実離れのした芸術的な絵空事は御免被りたいものです。それよりも、ここで私は一つの具体的な事実を指摘しておきましょう。これは、時間法則か空間法則かという問題――あるいはこれを総譜か構造か、と言い換えてもいいのですが――、その問題にとってとりわけ重要な事実です。

細胞は分裂を始める前に、ある分裂装置を内部に作り出します。ところで装置というものは、それによってありとあらゆることを行なうことが可能でしょうが、ただどんなに精緻な装置であっても、たとえば、はさみははさみ自身を切断することはできません。ですから、もし自分自身を分割するうまい方法が他になかったとしたら、あるいはあなた方のおっしゃる麗しい時間法則にご登場願うことになったかも知れません。

しかし、ここで思い出していただきたいのはロウソクの炎のことです。すべての細胞は絶えず物質代謝を行なうという点でロウソクの炎に似ていますが、この炎がまとまりのある形を有しているのは、芯《しん》の近くに熱の中心があり、そのまわりをいくつかの層が取り囲んでいるからです。この炎を分割するには、ですから、熱の中心をもう一つ別に作りさえすればいいわけです。細胞の分裂装置は、もとをただせば、おそらくこうした現象にその起源があったものと思われます。事実、この分裂装置には二つの形成の中心があり、それらは紡錘形をした原形質の糸［紡錘糸］によって互いに結び合わされているのです。

両極から伸びたこの原形質の糸が繋がり合った赤道面には、色素に染まりやすい因子、いわゆる染色体が集まっていて、その一つ一つが半分ずつに縦裂しています。そして、それらの各半分が原形質糸によっていずれかの極に引き寄せられ、ついで、残りの細胞質もまた分裂することになります。その結果として、同じ数の染色体をもった二個の新しい細胞が出来上がるわけです」

「それで、その染色体というのはどういう働きをしているのですか」と画家が尋ねた。

「じつを言うと、まだよく分かっていないのです」と動物学者が微笑んだ。

「たぶん身体の諸形質の形成に何らかの作用を及ぼしているのではないかと思われるのですが。ただ、染色体の系列の最後のものが性の決定に関与していることだけは、間違いがないでしょう。これらの染色体には多数の横縞が一列に美しく並んでいますが、まるでピアノの鍵盤を想起させます。ですから、これを《刺激小体》の鍵盤と呼ぶこともできるのではないでしょうか。

モーガンは、この鍵盤の一つ一つの鍵を身体の各形質と結びつけようと試みました。それによると、たとえばショウジョウバエの第一の刺激小体は眼の色に作用し、第二のものは翅の形成に作用しますが、しかし第三のものは致死作用を示すものとして、モーガンはこれを致死遺伝子と呼んでいます。

私にはモーガンのこの仮説はきわめて疑わしいものに思われます。染色体は、何と言っても、生命に必要不可欠な因子なのです。——それならどうして、そのような因子のなかに致死作用を示すものが含まれていたりするでしょうか。もちろん私は、刺激小体のなかには成長促進物質を合成するものもあれば、逆に成長抑制の物質を合成するものもあることは進んで認めます。——しかし、これが死の物質を合成することはけっしてありえないのです。

ところで、こうした刺激小体の鍵盤ということは、しかし私たちがいま関わっている問題に何ら決着をもたらすものではありません。なぜなら、私のほうは、この鍵盤をそれ自体のメカニズムに支配されたものと主張するでしょうし、一方あなた方は、ある外部の力がそのメロディーを演奏するために鍵盤を用いているのだとお考えになるでしょうから。ですから、構造か総譜かという問題は、これによっては解決されえません。

理事さん、先ほどあなたは、胚細胞から成体に至る身体的変化をたいへん生き生きと、まるで細胞が輪舞を舞ってでもいるかのように説明されました。私はべつに細胞の輪舞という、そのような見方自体に異論があるわけではありません。組織細胞になるまでの胚細胞は、たしかに自由で活発な、輪舞に似た動きをしているのですから。しかし一体、こうした輪舞が生のドラマの意味の規則に従っているのか、それとも機械的な法則に従っているのかということ——そのことは、たんに輪舞というだけではまだ決定されていないのではないでしょうか」

第九章　種の起源、存在形式の変容、主体の転換、魂の転換、構成類型の変化

種の起源と身体的形態の変化―ダーウィン　存在形式全体の変容―生物学　存在形式の変容する動物―モンシロチョウ、その他　主体の転換　アルントの記録映画―変形菌類　主体の集団、集団の魂、魂の転換　構成類型の変化　ヨハネス・ミュラー　ベッヒャーの利他的器官

私はこう言った。

「たしかにおっしゃるとおりです。構造か、総譜か。機械的か、音楽的か。因果法則か、意味法則か。物質に従うのか、感覚に従うのか。

一体、自然はどちらの原理にもとづいているのか。これこそ、私たちが自然におけるさまざまな生命現象に問いかけることによって解き明かしたいと考えている問題に他なりません。

ところで、ダーウィンは種の起源に関する学説によってこの問題に決着をつけようとしましたが、しかし彼のその考察は、身体の領域に限定されたものでしかありませんでした。けれども、この問題はもっとはるかに広い範囲で考察されなければならないもので、身体的形態の変化のみを注視しているうちは、ここでの問題がじつは生物の存在形式全体の変容に関わるものであることが見落とされてしまうのです。

というのも、身体的形態のあらゆる変化は、同時に、当の動物が組み入れられている環世界の変容をも引き起こすからであり、そこでは、さまざまな事物がそれまでとは別な意味を帯びたものとしてその動物に作用し、そしてその動物の以前とは異なった役割に従って取り扱われることとなるからです。

一体、ダーウィン主義が支配し、新しい種の起源が形態の変化のみから説明されていた数十年のあいだは、ほとんど自明のこととして、相互に移行しうるのは互いに近縁な種どうしにかぎられたものと見なされていました。《種》の上位概念としての《属》、《科》、《目》、《綱》などにおける相互移行は、身体的形態の漸進的な変化ということからすれば、まったく考えられもしないことでした。それらのあいだの隔たりは、上位概念になるほどますます大きくなるわけですから。

しかし生命は、そのような解剖学的分類の最上位に置かれた動物界と植物界という《界》の境界でさえ、それを人間の虚構以外の何ものでもないものとして楽々と踏み越えてしまうのです。果たして、生命が新しい種を生み出すという場合、そこにはどのような飛躍の可能性が秘められているのでしょうか。――そのことを明らかにしようとすれば、その生がさまざまに存在形式を変えている動物、つまり変態を行なう動物に問いかけなければなりません。

最初の例として、モンシロチョウを取り上げてみましょう。

モンシロチョウの幼虫の発生は、さきほどの理事の説明を踏まえて言えば、次のように行なわれます。すなわち、チョウから生まれた受精卵は多くの部分細胞に分割され、それらの部分細胞はすべて《幼虫》という同一の構成のトーンを有しています。

この単一の構成のトーンは運動のトーン、消化のトーン、感覚のトーンに分けられ、そしてそれらのトーンはそれぞれに対応する器官の芽体を形成します。

その場合、個々の部分細胞のいずれがより早く分化するのか、その時間的なあとさきは問題ではありません。肝心なのは、適切な器官細胞が適切な器官芽体に定着されるということです。

いずれにせよ、すべては総譜に従って進行します。三つの器官芽体のそれぞれの構成のトーンはさらに分節され、またそれに応じて、それぞれの器官細胞はさらに組織細胞へと分化してゆきます。このように、まずはじめに各器官の相互の構成が行なわれ、次に、それらの器官に組織細胞が組み込まれてゆきますが、すべては太古から支配している構成の総譜どおりに和声的に進行するわけです。

さて、こうしていよいよ幼虫の身体が完成されると、この幼虫は自らの環世界を形成して、その最初の生の場面へと入ってゆきます。そしてそこで示されるのは、新しく発生したこの《幼虫》という主体が、主としてキャベツの葉の上で演じられる生のドラマに組み込まれているということ、そしてそのキャベツの葉に、この幼虫が対位法的に適合しているということです。

つまり、キャベツと幼虫はそこでは同じ一つの構成に属しているのであって、したがって、この幼虫の身体はキャベツに合わせて作られたのだと言うことができるでしょう。幼虫が身体にまとっている、キャベツに似た灰緑色の衣は、外敵による発見から保護してくれるものです。そしてこのような衣をまとった幼虫という主体は、そのキャベツを食し、消化するという主要な課題を果たさなければなりません。

この課題に応じてそのイボ脚が形成されており、これによって幼虫は、高く跳び上がることはできないものの、ゆっくりとした匍匐《ほふく》が可能となり、同時に、キャベツという敷物にぴったりと付着することができます。また、幼虫の全消化器官は豊富な栄養供給源であるこのキャベツに合わせて作られています。それに対して、餌を食してはまたゆっくりと匍匐するというその課題からして、この幼虫の感覚的な活動はごくわずかなものでしかありません。

こうして、幼虫は主体としてその課題を十分に果たしながら、その身体の形態を増大させてゆきますが、ある時点、つまりその役割の終着点に達すると、周知のように、あの際だった様態である蛹化が始まります。

いまや、紡錘形をした蛹の殻の内部で幼虫の生活の「発生と行動につづく」第三の段階、すなわち器官と組織の解体が始まり、そしてついには、どんな構成のトーンももたない不定の細胞だけが残存することになります。

そしてそのとき、奇蹟的なことが――すなわち、それらの不定細胞を新しい別な構成のトーンが占有するという事態が、生じるのです。言い換えれば、チョウのトーンが現れ、これが不定細胞に対して、新しい身体的形態を有する別な主体の、まったく別な構成様式を刻印することとなるのです。そしてこの事態が完了すると、この新しい生き物が、それまでとは一変した環世界に生きるという新たな段階が始まります。大きな白い翅はチョウを空中で意のままに飛ぶものたらしめます。チョウの尾部は飛翔のさいの舵の役目を果たします。その飛翔がまるで跳びはねているような観を呈するのは、この舵が上下に振られるためです。頭部の大きな眼は主要な感覚器官で、これによってチョウはその環世界のすべての見える物を識別し、あらゆる障害物を巧みに回避します。長い口吻は、いろいろな花に蓄えられた蜜を摂取するのに役立ちます。そして最後に、きわめて複雑な生殖器官が付いていて、これによって雌雄が対位法的に結合されるのです。

このチョウとしての主体の生のドラマは、一連の変化に富んだ生の場面を経過し、最後は、受精卵の産卵とともに、その役割が演じ終えられ、役割の演技者の身体が死に帰することによって閉じられます。――こうしたモンシロチョウの場合においても、ですから、発生と行動と消滅とが永遠に変わることのない生命の各段階を構成しているわけですが、しかしここで注目すべきことは、この場合は、それらの段階が二回ずつ反復されるということに他なりません。なぜなら、ここでは、二つの主体の二つの生が連続して現れるからです。

モンシロチョウの生命を際だたせているこうした主体の転換は、広く動物界の中では驚くほど豊富に見出されるものです。そして、そのような転換においては、自然は私たち人間による《種》や《属》や《科》への分類をまったく自由に飛び越えてしまうのです。

モンシロチョウの例が示しているのは、疑いもなく蠕虫様動物に属している一つの主体が、その環世界が蠕虫様動物のそれとは何から言っても異なった主体、空中を飛び回るもう一つの主体によって取って代わられるということです。

同様のことはカの生命においても見出されます。ここでは、最初の主体の身体は長い舵状の尾を持っており、これによって水の中を自由に泳ぎ回ります。その幼虫（ボウフラ）の外被が脱ぎ捨てられると、今度は第二の主体が軽やかな翅を持つ生き物として空中に舞い上がり、ただちに獲物である人間に飛びかかって、卵の成熟に必要なその血液を吸い取るのです。

また、トンボの最初の主体は、同じく水中に棲んでおり、その下唇に獲物にすばやく食いつく捕獲器官を備えた大食漢です。第二の主体はカを追いかけるのが抜群にうまい、きわめて巧みな飛行士です。

おそらくもっとも奇異な感を与えるのは、その身体の構造が砂のスプレーのように出来上がっている丈の短い小さな生物、アリジゴクの主体の転換でしょう。このアリジゴクは自分でこしらえた砂の漏斗の中に潜んで、あちこち徘徊するアリを待ち伏せします。そしてその落とし穴にアリがはまり込むやいなや、たちまちに狙いすました砂の噴射によって下へと転落させ、自分の餌食にしてしまいます。このように奇妙な動物ですが、これが第二の主体に転換すると、ウスバカゲロウとして意のままに空中を飛び回ることとなるのです。

いわゆる《カッコウの唾《つばき》》は、アワフキムシという半翅類の昆虫の幼虫によって造られた泡の家です。その中に棲んでいるこの幼虫は巧みな化学者で、自分の吸入針を用いて、有毒なトウダイグサの汁液から泡の家の材料となる無害な粘液を抽出するすべを心得ています。この主体はセミの一種へと転換します。

腐った肉に湧いた吐き気をもよおすような蛆虫が可愛らしいイエバエになることは、誰もが知っていることです。

ドフラインはセイロンで木の葉の家を造るツムギアリの一種を見つけました。このアリは、すでに触れましたように、葉を貼り合わせるために、後端に粘液腺のある自分の幼虫たちを利用します。幼虫たちはまるで接着剤の入った生きたチューブのように、木の葉に押し

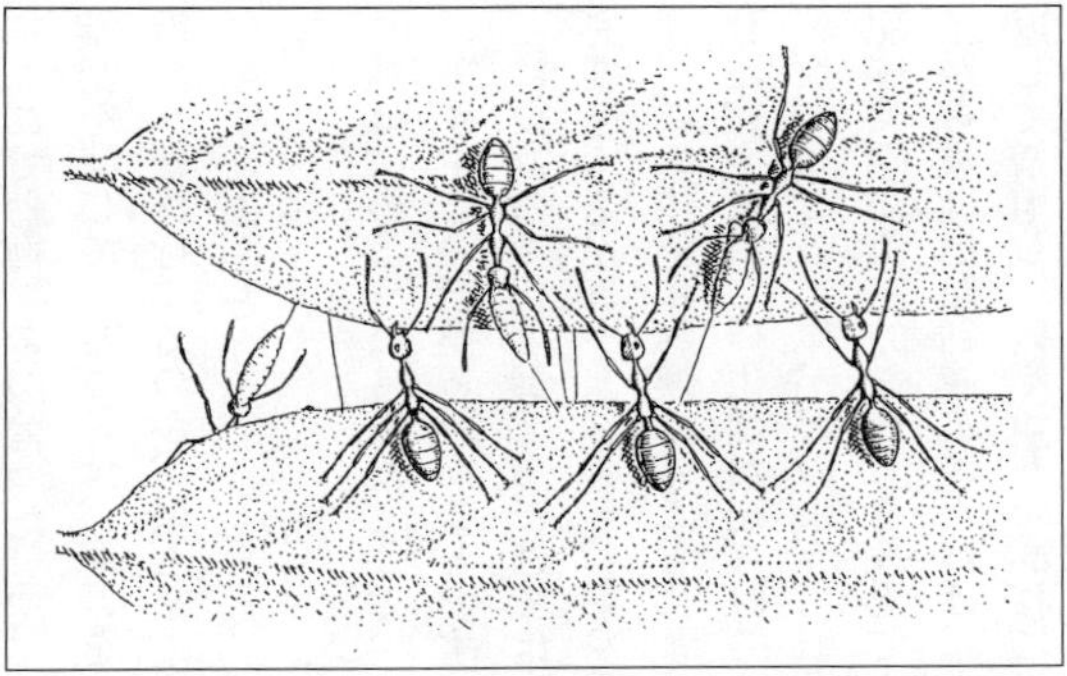

ツムギアリの一種では、幼虫が接着剤の役目をする

当てられるのです。これらの幼虫はこうしてたんに受動的な役割を果たすだけですが、しかしこれが成長した主体になると、また次の世代の幼虫を同じ目的のために利用することになります。ここでの主体の転換がとりわけ奇異であるのは、同じ動物が最初は受動的な役割で、次には能動的な役割で登場する、という点です。はじめは道具が、次にはその利用者が、生の舞台に相次いで登場してくるわけです。

自然がいかに人間による分類に無頓着であるかということは、さらには、ウニの二重生活がはっきりと示しています。原腸胚期から生じたプルテウス幼生は、プランクトンに属する、左右相称でポリプ状の浮遊性生物です。そしてその生物から第二の主体として現れ出る成体は、とげとはさみ（叉棘）で身をまとい、五放射相称の構造をしていて、ずっと海底で生活をつづけるのです」

ここで動物学者が言った。「いま挙げられた動物たちが幼生期と成長した段階とで違った役割を演じていることは、疑いを入れません。しかし、ある役割が一体どのようにして他の役割へと移行するのか、果たしてそこで主体の転換というようなことを仮定することが本当に必要なのかどうか、――これについては、私たちは何らのデータももち合わせていません」

私は次のように答えた。

「まず主体の転換ということですが、いま述べたようなあらゆるケースにおいて、それをたんに役割の変化と捉えるだけでは十分ではありません。なぜなら、役割は、役割の担い手を必要とするからであり、そしてこの役割の担い手は一個の主体でなければならないからです。この主体が転換することによって、分類学上からすれば最初の生活とはまったくかけ離れた完全に新しい生活が送られることとなるのです。

次に、この主体がどのように転換するのかということに関しては、アルントのすばらしい記録映画が決定的なことを教えてくれました。その映画によると、変形菌類（粘菌類）の胞子から抜け出た粘液アメーバは、まずあたりのバクテリア群を捕食し始めると、分裂を繰り返して増殖し、いくつもの群れに集合してゆき、ついにはバクテリアを残らず食い尽くしてしまいます。

それからしかし、どの集合においても、摂食衝動が突如として移動衝動に一変し、この移

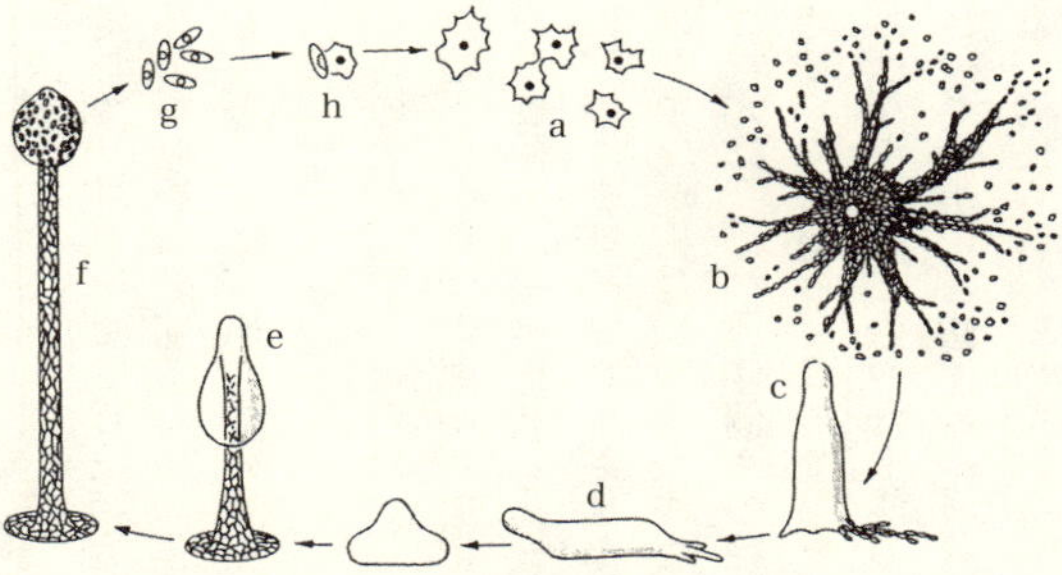

変形菌類の生活環。a：遊走中の粘液アメーバ、b：初期の集合体、c：後期の集合体、d：移動体、e－f：子実体、g：胞子細胞、h：粘液アメーバ

動衝動によって、それぞれの集合に属するすべての粘液アメーバはその集合の中心へと駆り立てられます。そして、その中心で次々とせり上がりながら子実体へと転換し、最後は、長い毛状の柄となって、その先端に胞子嚢をつけるに至り、その生きた胞子を風によって運ばせることとなります。――ここでは、動物の集合の魂から植物の魂へと転換する時期が厳密に確定されているわけです。

さて、一般的な言語使用では、自由に動き回る生物の共同体に対しては、それを一個の主体とは呼ばず、たんに個々の主体から成る一集団と呼びうるだけでしょう。それに従えば、変形菌類から抜け出た個々の粘液アメーバはたしかに主体であると言えますが、しかし、それらによって形づくられた集合は、主体ではなく、主体の集団であるわけです。そしてその集団内の個々の主体が、このようにすべて同一の行動のトーンを示すような場合には、その集団はそれらを支配する一つの集団の魂を有していると言わなければなりません。一方、植物としての変形菌類のほうを一個の主体と呼ぶかどうかは、これは趣味の問題です。しかしいずれにしても、多くの個体の行動を調整する一つの集団の魂というものを措定するのであれば、私たちは、植物に対しても同様に、植物体の多くの細胞を秩序づけている植物の魂というものを認めてもよいでしょう。

この変形菌類の場合は、したがって、主体の転換としてではなく、細胞群全体に対して突然始まる、集団の魂から植物の魂への転換として捉えなければならないわけです。

ところで、一般にあらゆる動物の胚の形成においても、その構成のメロディーは、同様に、個々の細胞がさまざまな構成のトーンによって支配され、さらにはこのさまざまな構成のトーンが相互に響き合ったものです。その意味で、一般に生物の主体というものも、厳密に言えば、それ自体個々の細胞主体から成る一つの集団の魂であると見なさなければなりません。ですから、ここで第一の主体が解消して、後続の主体が根本的に新しく築き上げられねばならないといった主体の転換の場合には、これを集団の魂の転換と捉えることができるわけですが、このような魂の転換というものは、それを支配している総譜を想定しなければ、考えられないのではないでしょうか」

動物学者が激して言った。「どうして生物学者はいつもそう大仰な表現をしたがるのか、私にはわけが分かりません。構成類型の変化ということを確認するだけでまったく十分なのに、主体の転換だとか魂の転換だとか、そんなことをあれこれ述べ立てるとは、一体どういうことなのですか。もちろん、かつてのように《思惟経済》を一つの法則として打ち立てようとするのは愚かなことでした。しかし、できるだけ単純な概念を用いて事実に即した理解を得ようとすることには、それなりの十分な意味があるのです」

ここで大学理事が次のように言った。

「概念というのはドアのようなものです。それは開くこともあれば、閉じることもあります。あるときは、それまで以上の認識を私たちに開いてくれますが、しかしまたあるときは、私たちの認識を閉ざしてしまいもします。《構成類型の変化》という概念は、私たちを解剖学的な分類とその変化という見方に閉じ込めてしまうものです。もちろん、分類が可変的なものであることは、いま生物学者が挙げたモンシロチョウやその他の例にはっきりと示されていることですが、しかし、これを構成類型の変化と言っただけでは、この変化がどのようにして起こるのか、また何によって引き起こされるのかということについては、何一つ説明したことになりません。この概念は、私たちを閉じたドアの前に立たせてしまうのです。それに対して、魂の転換という概念は開いたドアであって、まったく新しい展望を私たちの前に示してくれるものです。

すなわち、いわゆる単純な――あるいはむしろ、平板な、と言いましょうか――そのような概念は、熟考の労を省いて門外漢を満足させるだけのもので、それでもって能事終われりとするわけにはいかないのです。

さて、私たちの目下の問題は、自然の原理をめぐって対立し合う諸概念の、そのいずれを選択するか、というきわめて困難な問題です。すなわち、その諸概念とは、生物学者が次のように簡潔に定式化した対立概念のことです。

構造か、総譜か。
機械的か、音楽的か。
因果法則か、意味法則か。
物質に従うのか、感覚に従うのか。

さらに補足して言えば、果たして自然の原理は、合理的なのか想像的なのか、論理的なのか魔術的なのか、ということです。

わがドイツの生んだ最大の生物学者ヨハネス・ミュラーが直面していた生命は、勝手きままにその被造物を大地に住まわせるという、ある圧倒的なデーモンのような存在でした。イクチオサウルス（魚竜）からコレラ菌に至るまで、彼にはありとあらゆる生物がこのデーモンの創造によるものと考えられました。というのも、彼はおよそありそうもないさまざまな事実を見出していたからです。たとえば、五放射相称動物の主体の転換が今日の私たちに知られているのは、彼のお蔭に他なりません。

この五放射相称動物は、左右相称で浮遊性のプルテウス幼生としてその生を開始しますが、そこから引きつづいて五放射相称の新しい主体が芽生えてきます。そしてこの主体はやがてウニとなって、とげとはさみ（叉棘）で武装したり、あるいはヒトデとなって、何百という管足で二枚貝にへばりつき、その貝殻のあいだから襞の多い自分の胃を押し込んで、自分自身の身体の外部でこの貝の肉を消化したり、――あるいはナマコとなって、海底の砂を呑み込み、そこに含まれた有機物の老廃物を摂取したりします。

そうしたことを観察していたミュラーは、ある日、ナマコの体内に血管のある卵巣を見つけると、その卵を取り出して海水の中で育てたのでした。ところが、その卵からはナマコではなく巻貝が発生したのです。

生命が示すこの恣意的な働きに、ミュラーは大きな衝撃を受けました。それまでは、どれほど奇妙なことが起ころうとも、子どもが親と似ているということは揺るぎない法則と見なされていたからです。たとえば、ニワトリの卵からウサギが抜け出してくるなどということは、ありえないことでした。ミュラーはそこで、この事態を何とか説明しようとして、ある寄生性の巻貝がナマコの体内に侵入し、そしてこれが宿主の血液を摂取すべくその身体器官に適合したのだ、という仮説を立てました。

しかしその仮説は、もう一つ別な推測、すなわち、ある動物の卵巣から別の動物が生まれることがありうるのだという推測よりも、果たして、よりもっともらしいと言えたでしょうか。——そうではなかったのです。

なぜなら、私たちも知っているあの変態は、すでにミュラー自身が目撃していたことなのですから。すなわち、鰓があって口の大きな太っちょの魚——その角質の顎で腐敗した植物を噛み砕き、それを紡錘形に巻かれた草食性の長い腸へと運ぶこの魚が、成長すると完全に異質な動物に——つまり、四肢をもち、肉食性の短い腸と本物の歯を備えた動物、鰓の代わりに肺をつけ、もはや用のない尻尾を振り捨てて、いまや地面の上を自由に跳びはねる動物になるという、あのカエルの変態のことです。

主体の転換は、ここでは異なる動物《綱》への移行を意味しています。カエルはオタマジャクシとは解剖学的にも生理学的にも何の類似性も有しておらず、完全に新しい環世界の中で生きているのです。

しかしまた、ヨハネス・ミュラーは、ある別の魚はカエルとはまったく違った生物、すなわち尾索類になりうるということも知っていました。この尾索類は二つの開口部を備えた瓶のような形をしており、絶えず海水を出し入れしながら、体内の格子状の鰓で濾過し、その養分を袋状の内臓に送り込みます。この生物は外界からの刺激に対してはほとんど無感覚で、ただ呼吸管を包む筋肉が海水中の有害な物質に反応を示すだけです。

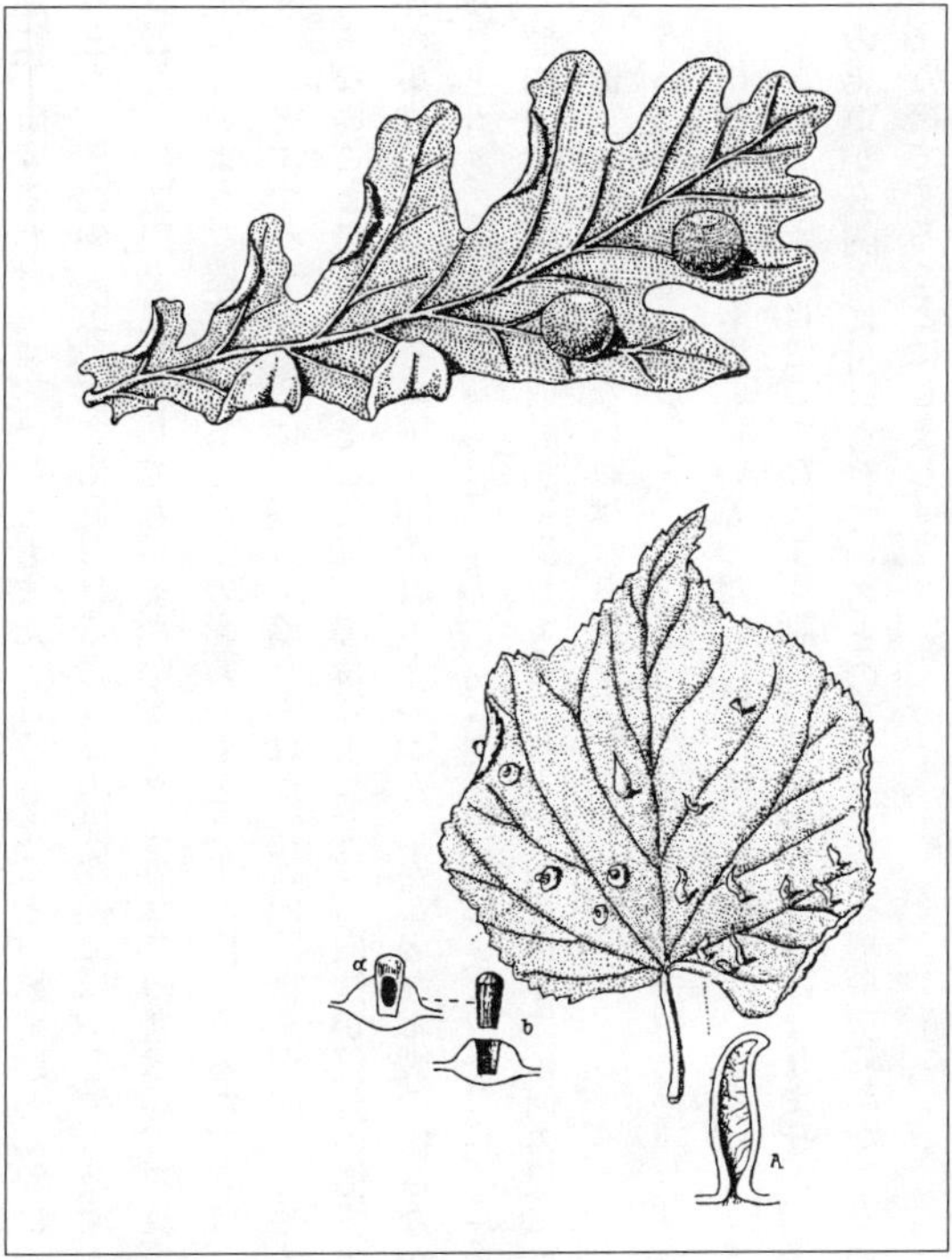

上図：オークの葉の虫こぶ
下図：ベッヒャーが対象にした、シナノキの葉の虫こぶ

このように、ある魚はその主体の転換によって動物系列の上のランクへと上昇し、別な魚は逆に下降するわけです。けれどもまた、こうしたことすべてがどんなに不可思議に思われようとも、植物の《虫こぶ》に見られるような組織変換には、とても及ぶものではありません。どんなに空想を逞しくしても、まさかオーク（ナラ）の老木が、それ自体からはけっして造らないような器官を、ある昆虫の影響のもとに生み出しうるなどとは、――すなわち、タマバエとタマバチのために、養分で満たされた庇護の器官を形成してやるなどとは、思いもよらないことでしょう。そこでは、場合によっては、内側が養分の織物で覆われ、新しい主体が巣立つときにはその扉が開かれるといった、みごとな木製の櫃さながらのものが造られることもあるのです。ベッヒャーがいみじくも述べているように、ここに認められるのは、植物のノーマルな構成計画に反して造られる、植物自体には何の役にも立たない《利他的》な器官であると言わなければなりません。

こういったすべてのことから、私は、自然はたんに論理的に見通しうる手段だけではなく、魔術的な手段をも用いているのだ、という確信を抱いています。

ともあれ、私たちはここでひとまず話を打ち切らなければなりません。予定していた遠乗り用の馬車が玄関先に付けられているとのことです。《構造か総譜か》という議論のつづきは、また後ですることにしましょう」

第十章　遠乗り

レンブラントの『夜警』　知覚と認識　一瞥の閃きと意味
単純な図形―四角形、紙ばさみ、屋根、腰掛け、階段　一瞥の閃きとシェーマ―意味信号、ハシゴの例　古代エジプトの芸術
農園における動物たちの環世界

二頭のよく太ったポニーを繋いだ軽やかな屋架つき馬車が、館の玄関の前で私たちを待っていた。一段高くなった御者席は馬車の後部に備えられていた。大学理事はその御者席に上って、そこから私たちの頭上越しに、長い手綱をにぎってよく仕込んだ馬を御した。こうすることで彼は、私たちと議論を楽しむことができた。

さて、議論がようやく本格的に再開されたのは、私たちが乗馬用の庭園の中を快適に走り抜けたのちに、森の縁に馬車を停めてからのことだった。そのとき私たちはのんびりと草地に横たわり、峡谷の眺めを楽しんでいた。そこに理事は橋を架けていたが、それを彼は私たちに誇らしげに示した。

議論を始めたのは、このときは画家だった。

「画家にとっては、バナナをじっと見つめることで静物の意味がもたらされ、また、そのことがバナナの絵をキャンバスに描くきっかけになるものです。しかしそうしたことを言えば、私は皆さんに芸術作品の成立に関して誤った観念を引き起こしてしまうのではないでしょうか。つまり、それは事物の意味が画家の描写の動機であるかのような印象を与えてしまうからです。ちょうど、座る設備としての椅子の意味が家具職人にとって椅子を作る動機となるのと同じように、です。

しかし、そうではありません。芸術家と職人では動機は根本的に区別されます。私の場合には、二つの色彩箇所――すなわち、任意の二つの事物に属するものであっても構いませんが――、これらのあいだの何らかの色彩上の調和が絵を描くきっかけとなっています。その調和が非常に強いものであれば、それは絵画の最初の構成トーンと見なされます。それから、周囲の形態と色彩が次の構成トーンとして、絵画を支配する調和のもとにただちに組み込まれるのです。絵画の中に描かれた事物の意味は、絵画の芸術的な質にとってはまったく副次的なものです。理想的な場合には、絵画の意味はその色彩の調和と一致すると言えるでしょう。

レンブラントのみごとな絵画『夜警』は明らかに色彩の調和にもとづいて構成されていますので、そこに登場する人物の意味は空虚であるような観を呈しています。それで、この絵の前に立つ人は、ただちに、そのことがこの巨匠に一つの破局を招かざるをえなかったということを、納得するでしょう。絵の中で自分の姿を不滅のものにしてほしかった注文主たちは、この絵に満足することができなかったのです」

画家はさらに話をつづけた。

レンブラント『夜警』（1642年）

「芸術作品の成立においては、事物の意味などというものはまったくどうでもよいことなのです。そうではありますが、鑑賞者がそれを完全に無視することができるかどうかは問題です。ですから、もう一つの問題として、《事物の意味は何によって認識できるのか》ということがあります。

皆さんは前に、事物を知覚することとその事物を認識することとを区別すべきだと論じました。ある事物、たとえば椅子にぶつかったとしたら、私はそれを知覚しますが、そのときは、まったく一般に障害物と見なします。これに対して、さらに子細に見て、《座る設備》としての意味を認識したときに、それははじめて椅子となるのです。ところで、あらゆる椅子に共通な性質――つまり、色彩、形態および素材の点でのさまざまな差異があるにもかかわらず――、子細に見ると《これは椅子だ》と確認することができるような、そうした共通な性質とは何でしょうか。

この謎めいた性質を理解する最初のヒントを、私は、二歳の幼い女の子を通じて手に入れました。その子は森に囲まれた所で成長したのですが、両親といっしょに海辺へ旅行し、そこではじめて朝食に出されたヒラメというものを知りました。ヒラメの骨を一瞥したとき、彼女は非常にびっくりして《あっ、モミの木！》と叫びました。

もちろん、その女の子がそれまでは大きな緑の木だとばかり思っていたモミの木が魚の中にあったことが驚きそのものでした。

女の子が魚の骨をモミの木と思うきっかけとなった、両者に共通する性質が存在したに違いありません。

この共通する性質をもたらすものを私は、《一瞥の閃き》と呼びたいと思います。つまり、まったく異なる二つの事物を相互に結び合わせるのは、まさにそうした同一の閃きなのです。

モミの木の意味はその子に生じた一瞥の閃きにかたく結合していたので、同じ意味が魚の骨にも認められたわけです。

そこで私は、輪郭以外には何の性質ももたないまったく単純な図形を使い、この一瞥の閃きを跡づけて、次の驚くべき発見をしました」

こう言って、画家はバッグからスケッチブックを取り出して、いくつかの単純な図形を私たちに見せてくれた［図］。

「まず最初に、これは傾斜した四角形ですが、まさに四角形であるということの他は何も表してはおりません。この四角形によって私たちの眼に引き起こされる一瞥の閃きはその輪郭と重なります。

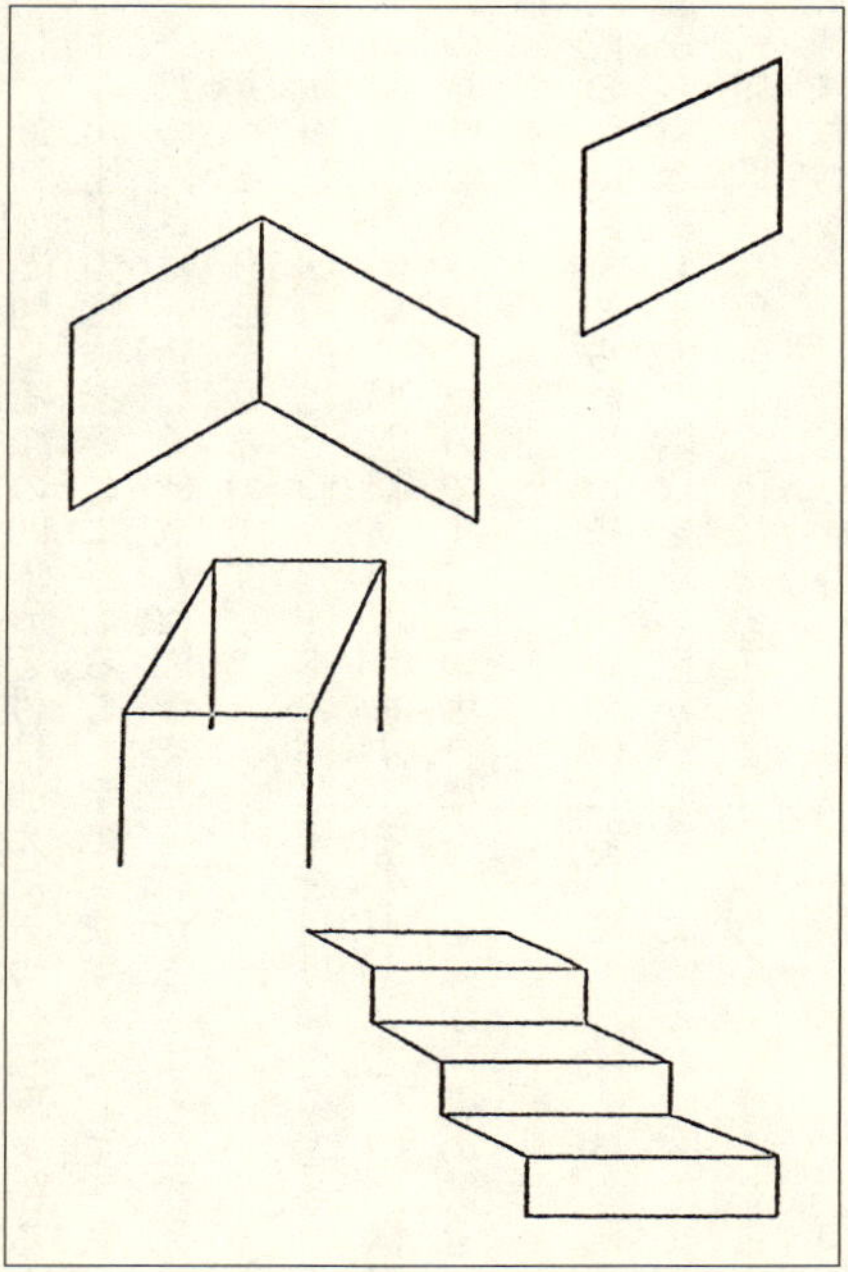

次に、最初のと同じ第二の四角形を付け加えて一つの図形を作ると、私は即座に、開いた紙ばさみか屋根の意味をそれに与えることができます。そして、私がこの意味を知った瞬間に、一瞥の閃きは、新しく成立した図形を、それがとどまる二次元の平面から引き離して第三の次元へと入り込ませるのです。

もし傾斜した四角形に下向きの四本の同じ線を付け加えるとしたら、二次元の図形から三次元の図形への同様の形態転換が現れます。そのとき、この図形は空間の中に立っている腰掛けの意味を受け取ったのです。この場合にも、意味が一瞥の閃きに決定的な影響を及ぼしたわけです。

階段の例はよく知られています。この例においても三次元的な階段の意味が一瞥の閃きを平面から引き離します。階段を思い浮かべるさいに、それに対してどの立場を取るかに応じて、一瞥の閃きは転換し、階段をあるときには表面から、またあるときには裏面から見ることになります。

腰掛けもあるときは上から、あるときは下から見ることができるのです。下から見るときは腰掛けの後方の脚が前方に跳ね上がります。いずれにしても、図形において意味は重要な役割を果たすのです」

画家は最後にこう言った。「皆さん、一瞥の閃きという私の発見についてどう思われますか」

フォン・W氏は次のように言った。

「画家にたいへん分かりやすく述べていただいた一瞥の閃きというのは、運動過程に還元された事物のシェーマに他なりません。シェーマは、カントによると、事物の概念をその像と結合する役をなしています。

ところで、事物像はつねに一定の意味をもちます。この意味は同時に、もしシェーマがその課題に応じるものであるとすれば、シェーマにふさわしいものでなければなりません。端的に言えば、シェーマは事物の意味信号と見なすことができるのです。

ところで、ハシゴの意味を知らなかったある黒人が、ハシゴを見て言いました。《何本かの棒と穴が見えるだけです》この黒人の前でハシゴに登る動作が行なわれ、また彼が実際にハシゴを用いることでその意味を知ったとき、ハシゴははじめて彼の環世界の中に登場したのです。彼がハシゴを見て獲得した一瞥の閃きはシェーマとして彼の記憶の中に刻み込まれ、そのときから彼はあらゆるハシゴをハシゴとして認識することができました。というのは、このシェーマによって、あらゆるハシゴは、私たちが登攀のトーンと名づけるようなハシゴの共通の意味信号を得ることとなったからです。

こうした意味信号が私たちに対していかに強力に作用を及ぼすかは、子供が事物について描く、その最初のスケッチがまさにそのようなシェーマであり、子供はそのシェーマの一瞥の閃きに従うのだ、ということから分かります。

ベルリンの偉大なエジプト学者であるシェーファーが述べたように、古代エジプトの芸術作品はすべて表象的であって、具象的ではありません。つまり、感覚的に知覚された事物の印象ではなく、表象によって得られた事物の主要な面のシェーマを再現しているのです。そこには厳密な《一瞥の閃き》の規則が存在していて、顔の全体はつねに横顔で描かれたのに対して、眼と頭飾りはその正面が示されていました。足についても同じことが当てはまりました。足も側面から描かれていますが、しかしどの場合でも親指は鑑賞者のほうに向けられていたのです。

エジプトの芸術家は、こうしたシェーマで獲得された同じ事物のさまざまな面を、一つの調和的な全体に統一する仕方を心得ていました。

紀元前五世紀に、ギリシアの芸術家は、この厳密な法則――つまり、これは彼ら自身のアルカイック芸術にも当てはまるものでしたが――、この法則を打ち破り、事物を直接に眺めることにもとづいた新しい芸術を創造しました。この時代に至ってはじめて、斜めからの表現が芸術的な描写の中に登場したのですが、それは、エジプトの芸術作品がその超然とした平静さによって際だっているのに対して、生き生きとした動きの印象を与えるものなのです」

「いまのお話がすばらしい締め括りとなりましたので、私たちは満足して館に帰ることができます」こう言って理事は立ち上がると、一段高い御者席に座り、私たちは馬車の中の席に着いた。元気のよいポニーたちが速歩も軽やかにまもなく私たちを館まで運んでくれた。館に戻ると、馬車は、理事が私たちを案内しようとしていた広い農園の中に止まった。そこで私たちを待っていたのは、理事が食事に招待していた、優れた鳥類の専門家である営林署長だった。その署長は、袖に緑の折返しがついた灰色の制服を着て金髪のあごひげを蓄え、聡明な青い眼の下に太い鼻のある、立派な印象の人物であった。

ところで、その農園に棲んでいる動物たちは、まさに環世界の例としてはぴったりである、と私には思われた。臭跡を追う番犬にとって、農園は嗅覚像で満ちていた。ネズミの穴の前で、獲物の動きにじっと聞き耳を立てるネコにとって、それは聴覚像で満ちていた。オート麦の粒をついばむスズメにとっては、それは視覚像で満ちている。なかでも非常に速く飛ぶコウモリにとっては、農園は、コウモリが発する超音波のエコーによって聴覚器官に入ってくるさまざまの音響的な触覚像に分けられていた。

第十一章　夕食の食卓にて

育雛における生の場面の進行　イヌの占有獲得　パヴロフの反射、代理の意味信号　鳥の渡りの謎　視覚空間と通過空間、座標系空間の中心点、空間の勾配――ミツバチ、ホシムクドリ、オンドリ、アカガエル　視覚空間と触覚空間　時間の尺度、時間の勾配

夕食時の歓談では、鳴禽類に関する実験について語った営林署長の報告でただちに話が盛り上がった。彼はカッコウの托卵習性をまねて、数羽の雛がいる鳥の巣の中へ他の種の雛を入れたが、その雛も親鳥から同じように餌を与えられた。しかし、このよそ者の雛は、カッコウの雛とは違って、自分がもっとたくさん餌をもらうために仲間の雛を一突きで巣から追い出すといった、生まれつきの器用さを備えていなかった。

ここで動物学者が言った。「餌を与えるときにも適度にしておかなければなりません。親鳥がいないあいだに、巣の中の一羽の雛に余分に餌を与えて満腹させておくと、親鳥が餌を持って帰ってきても、雛は満腹なので嘴を開けないのです。そうすると、その雛は死んだも

のと見なされ、ただちに親鳥によって巣から排除されてしまいます」

理事は次のように言った。「たいへん興味深いのは、そのさい、仮に一つの役割を演じるものが死に至ったとしても、そのことに備えて実行に移せるような、ある別な生の場面がいつでも用意されているということです。つまり、原ドラマの中では、場面の進行に関わる多くの可能性があらかじめ組み入れられているに違いありません」

それにつづいて、営林署長が私に向かってこう言った。

「私は、イヌが尿を事物にかけるのは占有の証しだとする、あなたの興味深い論文を読みました。じつは私も、イヌがこの行動によってそのつど新たによそ者のイヌから自分のなわばりを守ろうとするのだと考えたのです。つまり、イヌはもっとも重要な視覚標識を自分の嗅覚像に転換させ、それによってわが家にいるという安心感を覚える、ということです。

室内を清潔にするようにイヌを躾けるためには、自分に関係した嗅覚像を断念させ、そこで独自のトーンとされるべき視覚標識で満足するようにさせることとです。その訓練は、固有の匂いをもつ定まった寝ぐらをイヌに割り当てておいてやると、比較的簡単にやれます」

動物学者は言った。「白状しなければなりませんが、私には嗅覚像や聴覚像を思い浮かべることは困難です。たしかに匂いのよいソーセージや鳴り響く鐘はよく知っていますが、しかしソーセージの形をした匂いとか鐘の形をした響きとなると、まったくお手上げです。ですから、私はパヴロフに依拠して、次のような場合には、彼と同様に、《条件反射》という概念を用います。つまり、匂いによってイヌに引き起こされる無条件反射に――これを私はすすんで認めるわけですが――、その無条件反射に何らかの新しい反射が付け加わったような場合です。パヴロフが明らかにしたように、たとえば、イヌに餌をやるときに一定の音を鳴らすと、無条件反射に加えて、新しい条件によって生み出された任意の反射が生じることがあります。わずかな実験の繰り返しをすれば、こうした音だけで、食物摂取に特徴的な、唾液分泌と胃液分泌の反射が引き起こされるのです」

これに対して理事が異議を唱えた。

「動物の行動を機械的反射へ転換するというのは生理学者が好む手法です。これによってたしかに事態は単純化されますが、しかし、まさに私たちの関心を引くような諸問題は犠牲にされてしまいます。行動というのはけっしてたんなる反射ではなく、つねに知覚と作用から成り立っているのです。イヌに餌が差し出されたとき、イヌは何を知覚するのでしょうか。もちろん、匂いであることは明らかであり、匂いはイヌにとって識別信号であると同時に食物を示す意味信号でもあるのです。それにもとづいて摂食行動が起こり、さらにその他に、唾液腺と胃液腺の分泌も反射的に始まります。パヴロフはもっぱら、反射と呼ばれる、不随意的に始まるこうした運動だけを食物摂取の標識として利用し、そしてそれがたんに鼻によってだけでなく、餌を差し出すときつねに同じ音を鳴らしてやれば、耳からも引き起こされうるということを示しました。音（トーン）はこのようにして代理の意味信号となるのです。つまり、その特定のトーンが、ふつうは餌のトーンとして用いられている匂いのトーンの代理をすることによって、一般的な餌のトーンとなります。このように、ある知覚信号が他の知覚信号の代理となることは、生命に重要なあらゆる行動において可能ですが、膝蓋反射の場合のように、不随意的な運動においても起こりうるのです」

さてそのとき、営林署長は私のほうを振り向いて、秋の暴風雨のさなかバルト海の浜辺を私といっしょに散歩したときのことを話題に出した。——折しも一群のショウドウツバメが、南方へ向かう渡りの途中で暴風雨によって行く手を阻まれていた。多くのツバメが私たちの足元のすぐそばを勢いよく飛び交っていたが、ちょうど私たちに驚いて浜辺の石ころの下の隠れ場所から飛び立った一匹のハエをさっとつかまえた。また、それからかなり経ってからのことであるが、営林署長は屋根の張り出した納屋を私に見せてくれた。その壁の風の当たらない側に、ツバメが夜を過ごすために止まっていた。何百ものツバメが所狭しと体を寄せ合って群がり、直径一メートルを超える平面が完全に覆い尽くされていた。この暖かい生きた平面を誰かが手でなでたとしても、いつもならひどく恐れるツバメが逃げようともしなかったであろう。じつに印象深い光景であった。

そこで、私たちは鳥の渡りの謎を話題とすることになった。営林署長は鳥に足輪を付けて、この謎を解決しようと熱心に努力したことがある。

彼はこう言った。「鳥の渡りには決まった道筋があるに違いないとする仮定は、正しくないことが明らかになりました。暗い籠の中に入れられて、ブレーメンからプロイセンのケーニヒスベルクまで列車で輸送されたホシムクドリは、そこでは決まった渡りのルートがまったくなかったにもかかわらず、再びもとの巣を見つけました。この驚くべき能力は一体、何にもとづいているのでしょうか」

私は次のように答えた。

「ここで少なくとも二つの空間を区別しなければなりません。私たちとともに移動する視覚空間と、私たちが移動して通り抜ける、それ自体は静止している通過空間です。これらの空間のいずれもが相互に交差する六つの半空間に分けられます。すなわち、上と下、左と右、前と後のそれぞれの半空間です。六つの半空間の境界線は私たちの額の前で交差しています。まず、上下の境界は、手のひらを水平に置いて顔の前で探すと、簡単に実感することができます。この境界は口の高さにある人も多いのですが、たいていの場合は眼の高さにあります。次に、垂直にした手のひらで見つけ出される左右の境界はつねに両眼のあいだにあります。さらに、前後の境界は、正面に置いた手のひらで頭の側面を通過させた場合に分かります。ただこの境界については、鼻の先端から耳の穴まで、人によってさまざまなのです。

こうした事実によって、私たち人間は、たしかに目に見えませんが、しかしきわめて現実的であって、頭部としっかり結びついているような座標系を、たえずいっしょにもち歩いていることが分かります。ですから私たちは、羅針盤を用いてするときのように、まわりの空

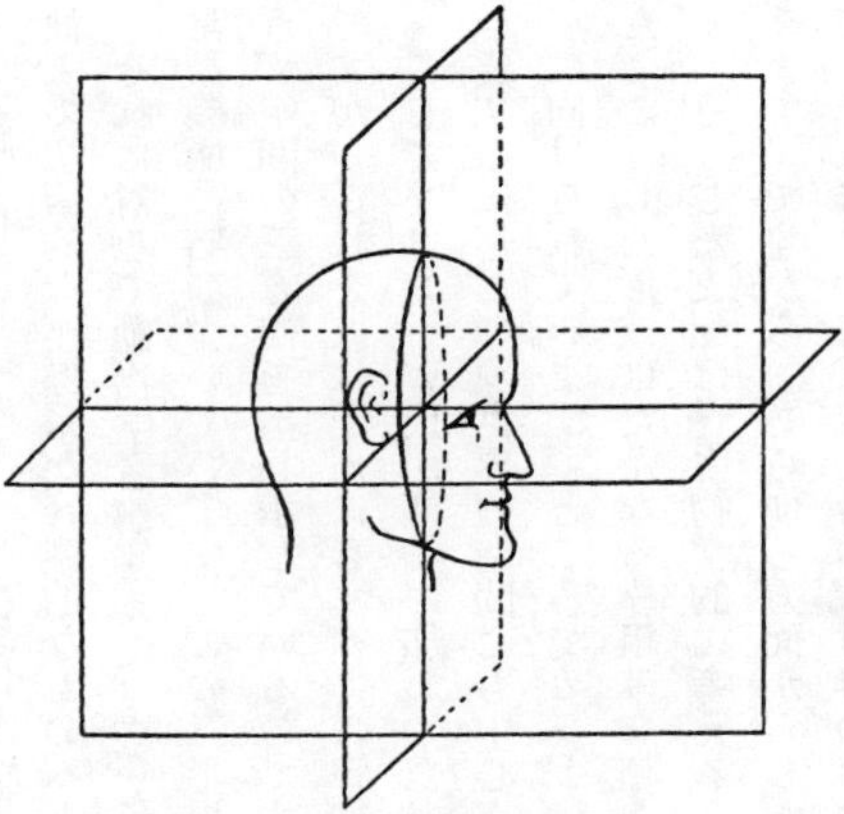

人間の座標系

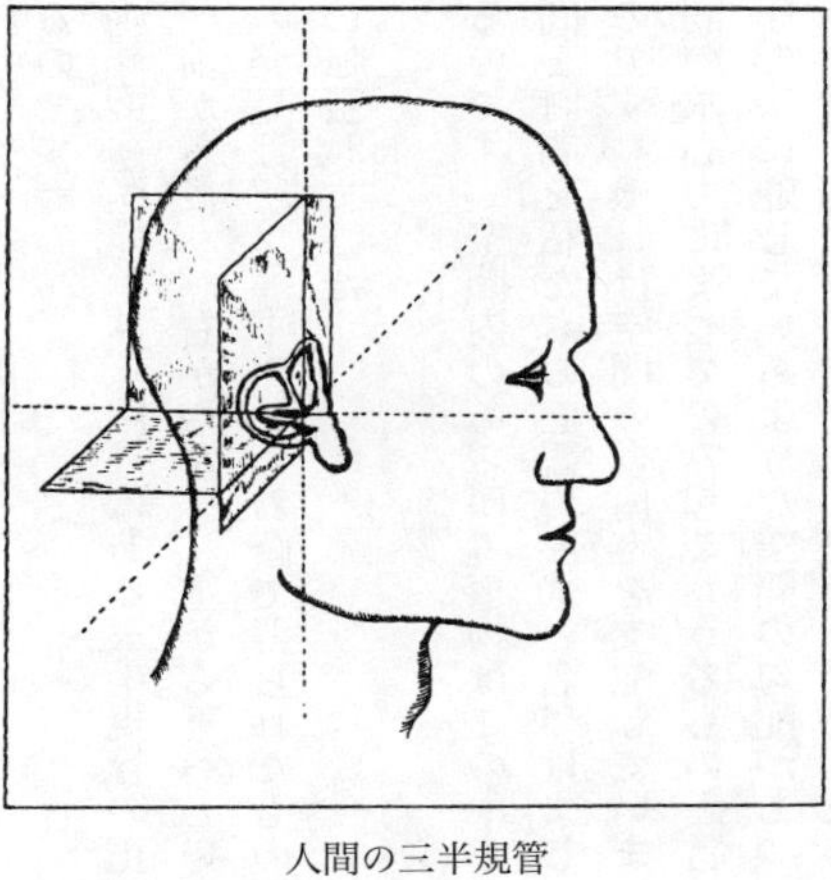

人間の三半規管

間を分割しているのです」

「いまおっしゃった比喩はとくに中国人の場合に当てはまります」と、理事が口をはさんだ。「彼らは、自分たちがいる空間を、朝、昼、夕方と真夜中に区分しますが、そこでは、彼らの主観的な座標系が客観的なものへと変わるのです」

それに対して動物学者が答えた。「私たちの主観的な座標系は、内耳にある三半規管の正常な機能に結びついています。この三半規管が、前から後へ、右から左へ、上から下へという、空間の三方向を指し示しているのです。この発見は、ツィーオンのお蔭で得られたものですが、これを彼は正当にもすべての脊椎動物に拡張しました」

ここでフォン・W氏が議論に加わった。

「要するに、どの環世界の空間にも中心点があるのです。空間内のあらゆる事物はこの中心点に向けられています。ところでカントは、空間と時間を私たちの直観の形式と名づけました。こうした形式はたんなる枠組みを超えたものです。それは空間の全内容を支配しています。そうした支配は、生物学的に考えると、空間の求心力によってのみ起こりうるものと言えます。ですから、あらゆる方面から私たちの座標系に通じているような空間の勾配があって、それによって、私たちの環世界の事物が散らばってしまわずにつねに一定の距離に保たれているのだ、と仮定してもよいでしょう。このことは、私たちの家の戸口に不変の座標系を押し当てることができたとしたら、たんに私たちの視覚空間にとってばかりでなく、通過

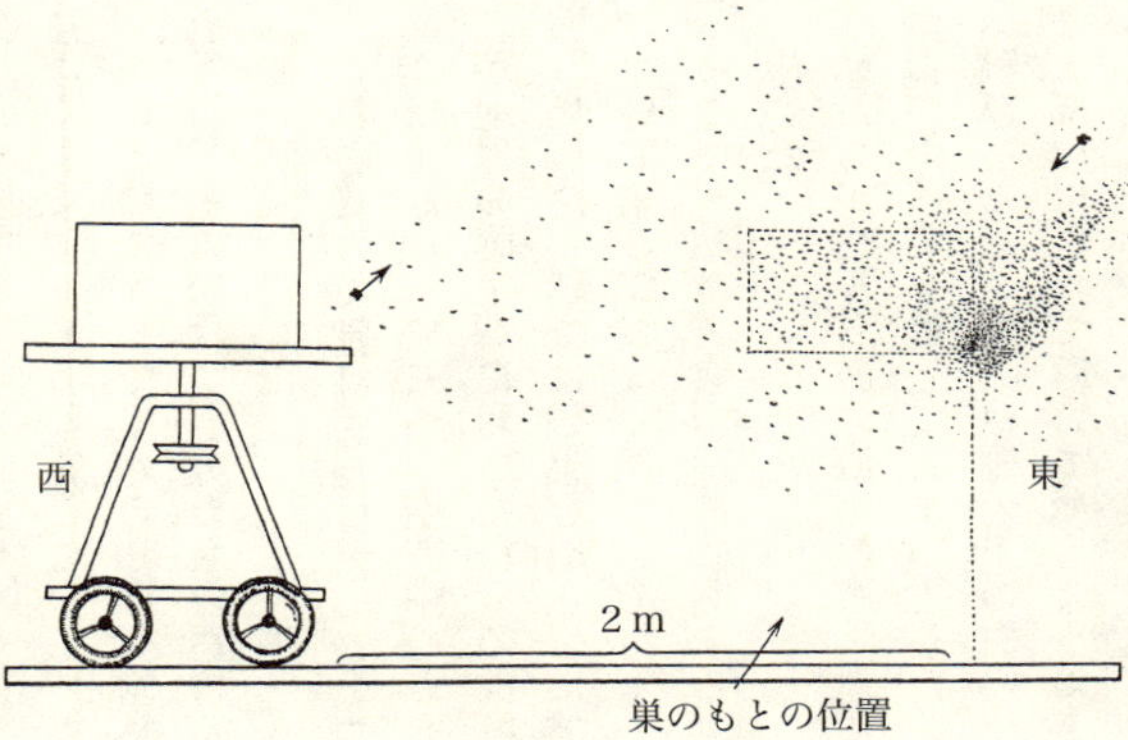

ミツバチの作用空間

空間にとっても当てはまるのです。それができたために、原始人は誰でも、その空間の勾配に身を委ねることによって、つねに家へ帰る道を見出すことが可能だったのです。ところが、たえず転居を繰り返している私たちヨーロッパ人は、こうした空間の勾配に身を委ねるという能力を、その手掛かりに至るまでも失ったように思われます。

逆に、すべての動物、一般に住み場所をもつすべての動物にあっては、この能力はますます伸ばされていったようです。しかもそれは、たんに三半規管のある動物に限られたことではありません。ミツバチが飛び立ったあいだにその巣箱を二、三メートル移動しておくと、ミツバチは、巣箱がもと置かれていた場所に集まり、その後、視覚器官を用いて巣の入口をやっと突きとめる、ということが知られています。ヴォルフが発見したように、ミツバチは、その触覚を奪われると、空間の中心点に集結する能力をなくします。それゆえここでも、ある何らかの感覚器官が家の戸口を突きとめるのに役立っているのです。ですから私は、営林署長さん、渡りをするホシムクドリは空間の勾配に身を委ね、その助けで自分たちの戸口を見つけるのだと思います」そう言って、フォン・W氏は彼の解説を終えた。

これを受けて営林署長は言った。「そうしますと、私たちは、鳥の渡りにおいては、交互に作用をもたらす二つの空間中心点を仮定しなければなりません。それらが勾配を通じて、鳥が地球の両半球において自分の故郷を見つけるように、方向を告げるのです。ただ、あの渡り鳥は南半球では、巣を造らずに群れで共同生活していますから、その場合は、家の戸口について語ることはできませんが」

そこで、私は、家の戸口に関する二つの面白い体験のことを、この機会に報告しておこうと思った。

「私たちがバルト海の沿岸の避暑地にいるときに買い入れた一羽の若いオンドリは、すぐさま森の中へ姿を消してしまいました。その次の晩にオンドリは再び現れ、開いた窓から客室へ跳び込んできて、戸棚の上の白い花瓶の横に止まりました。客である私はオンドリをそのまま部屋に入れて置いてやるようにと依頼しました。しかし翌朝、私は、オンドリが自分の頭の上に止まっていたので目を覚ましたのです。その上、それは部屋中を汚したので、次の晩つかまえられ、特別に建てられたニワトリ小屋に入れられました。さて、こうしたことが三週間にわたって毎晩繰り返されるはめになったのです。なぜなら、オンドリは毎晩、時間どおりにホテルの前に姿を見せ、開いた窓から客室へ跳び込んできて、家具の上に止まったからです。オンドリが窓まで跳び上がるためには、窓の前に置かれているベンチを利用しなければなりませんでしたので、このベンチを椅子に置き換えたこともありますが、これもすぐに利用されてしまいました。この特定の窓は、オンドリが執拗にめざしていたもので、オンドリにとっての家の戸口でした。結局、ベンチが取りはずされ、そのために窓から入る可能性が奪われると、オンドリは、窓の下枠に跳び上がるための何かの台が与えられるまで、窓の前で絶望したように上がったり下がったりしてバタバタと飛び回りました。窓が閉められていると、オンドリは、それが開けられるまで、嘴で叩きつづけました。部屋の中では、オンドリは手当たり次第の物の上に止まりました。私が家具を全部取り除いたときは、窓の下枠の上に止まったままでした。というのは、ニワトリは高い物体の上で寝るのがつねで、けっして地上に寝たりしないからです。

窓まで辿りつく前にオンドリをつかまえて、ニワトリ小屋に朝まで閉じ込めるようになっても、その習慣はまったく変わりませんでした。次の晩にオンドリは再び自分の家の戸口に現れたのです。

二番目の体験は、特別な紋様で特徴のあるアカガエルに関するものです。そのカエルは排水管を通って台所の中へ入ってきて、そこでたくさんのハエを食べて生活していました。料理女はもう何度もカエルを追い払いましたが、カエルはそのたびに繰り返し現れたのです。そこで私はカエルをつかまえて、家から連れ出し、外に放り出しました。二日経ってからまたカエルは台所に姿を見せました。自分の家の戸口に向かう習性に導かれて、カエルはあらゆる困難を克服することができたのです」

私はさらに話をつづけた。

「座標系の確定した家の戸口とその空間の勾配とで際だっている静止した通過空間は、本質的な点で、視覚空間から区別されます。この視覚空間というのは、放射線状に配置されているため、眼の近くではたくさんあって小さいのに遠くでは大きくて数はわずかしかないというような位置で満たされているのです。私たちの眼がパラ生物学的な視覚光線で私たちの視覚空間の中へ移し入れる位置は、私たちの環世界の事物にとっての尺度となりますので、これらの事物は近くでは大きく遠くでは小さいように見えるのです。

事物をつかむのに役立つ触覚空間はこうした誤りをおかしません。その空間の中では、事物は、遠くにあれ近くにあれ、同じ大きさです。触覚空間は立方体の場所で満たされており、その各辺は、眼を閉じて、自由の利く両手の人差し指で最短距離を測りますが、それで見積もるとおよそ二センチメートルになります。これについては、眼を閉じて両手の人差し指どうしを突き当てようと試みれば、誰でも確信することができます。しかし、それはたいてい失敗します。といっても、誤差は二センチメートルを超えることにはなりません。さて、通過空間を私たちは歩度によって測りますが、その代わりに定められたのがメートル尺です。

　位置が視覚空間にとっての自然な尺度であるように、瞬間は時間にとっての自然な尺度です。瞬間が短くなればなるほど、そのつど主体にとっての環世界の事物の運動はますます緩慢になります「主観的時間量」。人間の場合、それはおよそ1／16秒です。その瞬間が1／50秒となるトウギョにとっては、あらゆる運動は、私たち人間よりもはるかに緩慢に経過しますが、そのために、トウギョは敵から逃れることができるのです。リンゴマイマイというカタツムリの場合は、その瞬間が3／4秒となりますが、あらゆる運動が私たちの環世界においてよりもはるかに速いテンポとなります。カタツムリの身体の緩慢な運動は、カタツムリ自身には、人間の身体運動が私たちにそう思われるよりも緩慢であるとは思われないのです」

　私たちが大学理事にいとまを告げたとき、理事はこう言った。「空間の勾配ということが話題となりましたが、体験された瞬間というものに収斂するような、時間の勾配といったものもあるのかどうか、私は大いに興味があります。ところで、明日またお目にかかりましょう。私にとって皆さんの今日のご訪問はたいへん貴重でした。それで、できるだけ早くお目にかかりたいのです」

第十二章　海辺の邸宅のテラスにて

有機的関係にある自然　自然の原性質としての元素　主体としての細胞　知覚者と作用者　感覚能力―外的刺激を感覚へ転換する　想像能力―役割に即した意味の刷り込みを行なう　論理能力―意味の刷り込みをまとめて司る

翌日の朝、私たちはフォン・W氏の客として、一同そろって海辺の邸宅のテラスに座り、目の前に広がるすばらしい光景を満喫していた。うっそうとした森に囲まれた白い砂浜、たくさんのヨットが行き来する淡青色の海原。

理事は、中央のゆったりとした籐の安楽椅子に席を占め、暗黙のうちに座長役をつとめる形になった。気さくな感じであるが、しかし威厳をすっかりなくしてしまうこともなく、彼は話を始めた。

「皆さん、私たちの周囲の全自然が一つの有機的関係にあると考えてみましょう。つまり、ドラマの舞台装置は、そこで演じられる出来事の大枠となるような、一つのまとまった構成体と見なすことができますが、少なくともそういった意味においてです。

たとえば、私たちの地球は、それをとりまく天体、つまり太陽、月および星とともに、生命の世界ドラマにとっての世界舞台となっています。その前提となるのは、この有機的な全体が一つの統一をなしているということです。証拠はあるのでしょうか。――たしかにあるのです。というのは、最大の恒星も最小の惑星も同じ元素から成り立っているからです。さらにまた、これらの元素は一定数の物質からできており、どの元素も一個の原子核をもち、原子核の周囲を回る一個から九四個［ただし、現在は一一七個まで確認されている］までの電子の数によって区別されます。こうした一定数の物質元素からありありと思い起こされるのは、音楽の音階でしょうし、あるいは九四個の字母からなる一つのアルファベットのようなものです。このように、元素系というのは自然のいっさいの形成物を包括する一つの統一をなしているのです。いずれにしても、これらの元素は内的に相互に結合されたような、自然の原性質であると考えてもよいのです。

アリストテレス
（前384-前322）

　これらの性質のうちごくわずかなものだけが生物を形成するのに用いられます。すでにアリストテレスが気づいていたように、あらゆる生物には、養分を必要とするという特徴があります。しかし、今日ではむしろ、物質代謝こそまさに、生物を生命のない事物から際だたせるものである、と言われるでしょう。さらにまた、生物は細胞で構成されています。ですから今日では、あらゆる生物は物質代謝を行なう細胞から構成されたものであるということが、異論の余地のない原則と見なされています。解剖学者にとっては、動物であれ植物であれ、生物の組織を記述するさいは、こうした原則を確認すれば十分なのです。

しかし、こうした確認は、私たちが生きた存在を生物学的に、つまり生命に即して記述しようとする場合には、十分ではありません。なぜなら、どの細胞も生命の中では能動的な機能を成し遂げなければならないからであって、そうでないと、細胞は死んだものとなり、たんに受動的な機能しか果たせなくなるからです。能動的な機能を果たすあらゆる細胞を、私たちは主体としての性格をもつものと見なし、そのように扱わなければならないのです。さて、動物のあらゆる行動は知覚と作用から成り立っています。ですから、私たちは、知覚に関わるあらゆる細胞を《知覚者》と呼び、また、作用に関わるあらゆる細胞を《作用者》と呼ぶことにします。

おのずから明らかなことですが、知覚者が活動している感覚器官に応じて、異なる感覚に対応する質的に異なった多数の知覚者が存在します。たとえば、青の知覚者、赤の知覚者、さらに匂いの知覚者、味覚の知覚者、触覚の知覚者、そして聴覚の知覚者です。

同じことが作用者にも当てはまります。たとえば、筋肉には収縮の作用者と制動の作用者があり、骨と腱には担い手の作用者が、神経には刺激伝達者が、腺には体液供給者が、それぞれあります。

植物もやはり機能を果たす細胞の組織から成り立っていますが、しかしそれらの細胞は、それほどはっきりとは知覚者と作用者に分かれていません。

動物の場合には、同じ一つの機能を遂行する細胞が一定の諸器官、すなわち感覚器官あるいは運動器官に統合されています。ですから、ここではどの機能も、眼、耳、足、翼などのように、明確に限定された身体の部位を基礎としています。こうした身体の部位が一つの統一的な機能のトーンをもっているのです。

自分の諸器官を用いて、どの動物も、周囲の自然から自分の環世界を切り取ります。この環世界とは、その動物にとって何らかの意味をもつ事物、つまり、その動物の意味の担い手だけによって満たされているような世界です。同じく、どの植物も、その環境から、その特有の居住世界を切り取るのです。

私たち人間はいかなる幻想にも身を委ねてはなりません。私たちもまた生きた自然に直接に向かい合っているのではなく、個人的な環世界の中に生きているのです。そうであるにもかかわらず、私たちが自然についての一つのイメージを手に入れることができるとしたら、それはどうしてなのでしょうか。この問いに答えるためには、まず私たち自身の能力について明らかにしなければなりません。私たちの精神的諸能力に関する最良の概観は、アリストテレスの先例にならって、彼が提示した心的器官の活動を調べることによって得られます。アリストテレスは感覚能力（アイステティコン）、想像能力（ファンタスティコン）および論理能力（ロギスティコン）の三つの心的器官を区別していますが、ヨハネス・ミュラーもこれらを才知豊かな研究の基礎に採用しました。

感覚能力には、外的刺激を感覚へ転換するという課題があります。この能力において、耳に当たる空気の波動は音へ、眼に当たるエーテル波は色へ、皮膚に当たる刺激は触覚と温覚へ転換され、口蓋に当たる刺激は味覚へ転換されます。痛覚は別として、すべての感覚はパラ生物学的に環世界の空間の中へ移し入れられ、そこで私たちの環世界の事物の性質になります。感覚能力を通じて、私たちは色のついた、匂いのする、音のある世界へ入り込んだのです。環世界の事物の性質だけでなく、私たちはさらに、自由な運動と固定された運動つまり形式とを区別します。

動物にも感覚能力があります。ミツバチについて言うと、マチルデ・ヘルツの研究のお蔭で、ミツバチの用いる色階が紫色の側に偏っていることを、私たちは知っています。そのため、ミツバチには赤い対象は黒っぽく見えるけれども、私たちには見えない紫外線の色は、おそらく紫色の光に輝いて見えるに違いありません。私たちの眼には白色となる一対の補色も、ミツバチにとっては私たちの場合とは異なっているのです。色とりどりの花が私たちの眼にはくっきりと浮かび上がって見えるような草原の緑の背景は、ミツバチにとっては、多くの聖人画に見られる金色の下地に変わります。その他に、マチルデ・ヘルツは、ミツバチはたんに開いた形と閉じた形のみを見分けることができるが、それによって、花のつぼみを避け、開いた花を探し出して蜜を見出す、ということを実証することができました。

百個の眼点をもつイタヤガイは色も形も知覚することはできませんが、しかし、敵であるヒトデのゆっくりとしたテンポの動きには、どんな動きであっても反応します。

感覚能力は、それに繋がった次の心的器官である想像能力に、多彩なモザイクに似た感覚的世界を伝えます。このモザイクはそれぞればらばらに動く一つ一つの集まりに分かれますが、事物を形づくることはありません。事物の形成は、諸性質の一つ一つの集まりに意味をあてがう想像能力においてはじめて起こるのです。事物とは、一定の意味をもった、さまざまな性質から成り立つ物のことです。

白い、固い、甘い、角ばった、というようなまったく異なる諸性質をもつ一つの事物にも、明確に限定された意味が与えられます。これらの性質は意味に即して一つの生物学的統一体に、つまり砂糖という食品にまとめられるので、それを私たちは口に入れて味わうのです。

イタヤガイは、その眼点でどんな方向であれ、運動を知覚すると、動いている事物の味覚を調べる触手を突き出します。運動と味覚という異なる性質がいっしょになって《敵》という意味を受け取り、イタヤガイは逃げ出すのです。

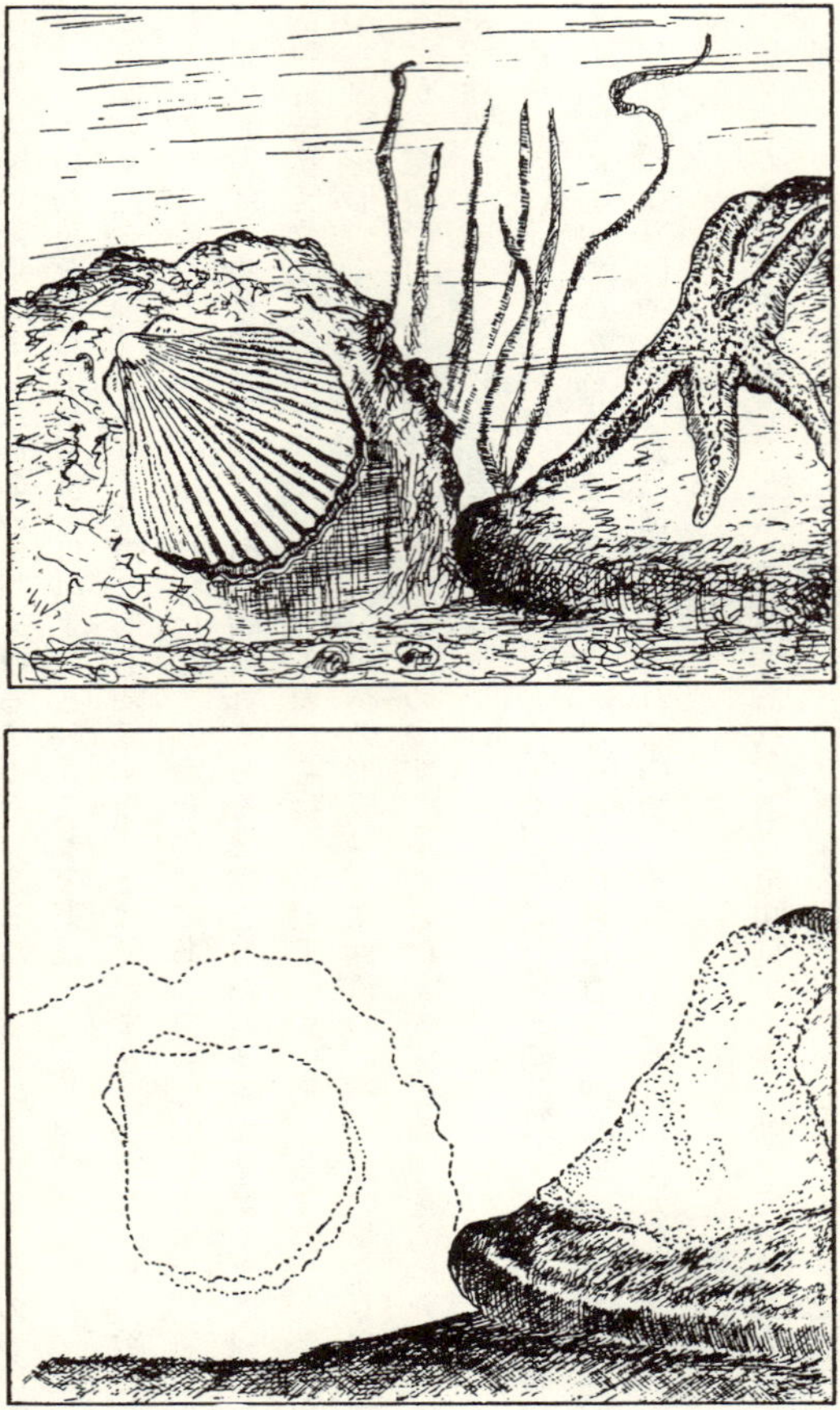

イタヤガイの環境と環世界

ヒキガエルの探索像

想像能力によってなされた意味の刷り込みは誤謬を免れているわけではありません。たとえば、バイテンデイクの報告によると、数日間空腹にさせた後一匹のミミズを食わせておいたヒキガエルは、マッチ棒でも貪欲に飲み込もうとしたのです。細長くて赤いというミミズの二つの性質は、同じ性質をもつマッチ棒に対しても、ミミズと同じ意味、すなわち《食物》という意味を刷り込むには十分でした。この刷り込みの錯誤は、ハイイロガンの雛が雌のガンの代わりに人間を母親と見なす場合もそうでした。

それゆえ、動物においても、その環世界の中の事物に一つの意味を与えるような、私たちの想像能力に類似した自然的要因を認めうるだけの十分な根拠があります。そしてその意味が、そのときどきの動物の応答の仕方にとって決定的となるのです。

私たちは、意味を決定するこうした要因を、苦労して探し求める必要はないのです。というのは、主体の演じる役割が始まるときには、あらゆる場合に、生の場面が開始されるからです。生の場面が始まるためには、いつでもまず初めに演技の相手役にその意味を与えなければなりませんが、まさにこれを行なうのが役割なのです。

例の黒人は、自分の前に置かれた棒と穴を見てどうすることもできませんでした。もう一人の黒人がハシゴに登るという生の場面を見てはじめて、彼は、相手役としてのハシゴにいかなる意味があるのかに気づいたのです。

そういうわけで私たちは、想像能力において、そのときどきの主体の果たす役割の活動領域を認めるのです。この役割というのは、共演者に見られるデータの中から取捨選択し、共演者に対して役割に即した意味を刷り込むことによって、共演者が生の場面の中に登場する可能性を与えるのです。

下等動物においては、感覚器官を通じて得られるデータは非常にわずかなので、本来の行動には何の関係もないような、しばしばまったくかけ離れた感覚データが、共演者に必要な性質を与えるために、利用されます。

たとえば、ミミズは、シナノキ（リンデンバウム）の葉の先端を前にしてのみ自分の狭い穴の中へそれを引き込むことができますが、そのさい葉の先端と根元を味覚によって区別するのです。なぜなら、葉の形はミミズの感覚器官で知覚することはできないからです。ミミズの狭い穴の中へ巻いて引き込むという生の場面の中で共演者として登場するシナノキの葉は、ミミズの環世界において、一方の端は《甘い》が他方の端は《苦い》という事物の役割を演じます。ただし、本来の行動において決定的な役割を果たす葉の形を、ミミズは知らないのです。

ダニにとっては、汗の匂い、毛皮の抵抗および皮膚の温かさが哺乳類から得られる感覚データですが、ダニはこれらを《獲物》という単一のものにまとめます。哺乳類が、ダニの生活においてもっとも重要な生の場面の中での共演者の役割を引き受けられるように、ダニは、どの哺乳類にも《獲物》という意味の刷り込みを行なうのです。ダニの環境の中にあるその他の事物は、目も見えず耳も聞こえず、ただ一つの匂いしか知覚することのできないダニの環世界においては、まったく何の役割も果たさないのです。

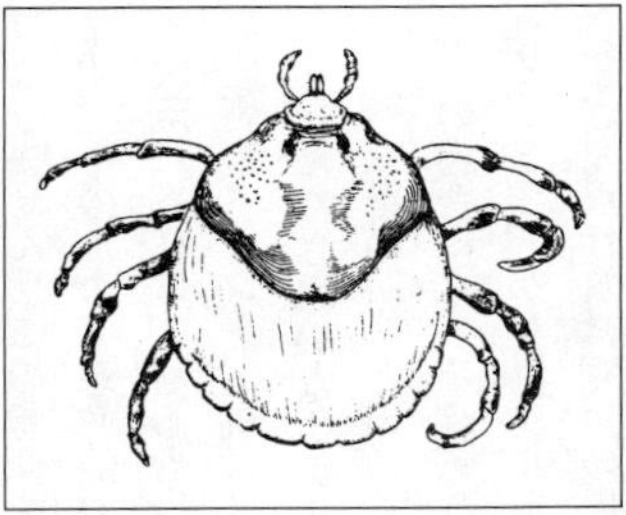

ダ　ニ

私たち人間の環世界は意味の担い手で満ち溢れています。それぞれの担い手は一つの生の場面において一つの役割を受けもちます。想像能力は意味の割り当て——いや、配布ということもできるでしょうが——、これをしなければなりません。この想像能力は意味の担い手のお蔭でさまざまな役割によって満たされています。そのため、想像能力には数え切れないほどの役割を行なう活動領域があるのです。

実際に、私は、もしも役割に即した意味の刷り込みを個々の共演者に行なったり、椅子には座席のトーンを、机には支えのトーンを、ペンには筆記のトーンを与えたりなどしなければ、どんなささいな生の場面でも——たとえば手紙を書くために、腰を下ろし、机に向かい、ペンをつかむといった場面でも——、それを演じることはまったくできないのです。いずれの場合にも、それぞれまったく異なる諸性質に対して、それらの共通の意味が刷り込まれることで、ゲシュタルトが得られるのです。そしてこのゲシュタルトによって、そうしたさまざまな性質は、生の場面の中で相手役を演じることになるのです」

画家が大きな声で言った。「みごとな説明です。想像能力は、いわば、ある場合にはありあまるほどの絵具がのっていたり、またある場合にはほんの二、三の絵具しかのっていなかったりするパレットを自由に扱うのだと言えるでしょう。いずれの場合でも、相手役が演じられるためには、その絵が、これらの絵具を用いて生の場面の中で描かれねばなりません。ミミズは、人間にたとえて言えば、貧弱なパレットしかもっていないのですから、一方が甘く他方が苦いような事物の絵の他には、何ものも描かないというのは、驚くに当たらないのです」

理事は話をつづけた。

「高等動物は、その比喩で言うと、想像能力がはるかに内容豊かな絵を描くことができるような、もっとましなパレットをもっていることになるでしょう。その点で、高等動物の想像能力はさらに大きな役割を果たすことができます。たとえば、イヌを例にあげれば、イヌが関わる生の場面はどれだけあるか、思い浮かべてみるとよいのです。それらの場面はすべて、イヌにとってのそれぞれ別な演技規則と共演者の特別な意味を前提としています。

ヨハネス・ミュラーはその『想像力の視覚現象』において、感覚能力の作用が取り除かれるとき、それゆえにまた、外から供給される感覚的材料に意味を刷り込むという想像能力の通常の活動が行なわれないとき、想像能力の性質がどうであるかを探り出すことを自分の課題にしました。

ミュラーは、想像能力の特殊エネルギーを《創作する表象》と呼びます。この表象とは、表象されたもののゲシュタルトをたえず変化させるものです。こうした見解を、彼はとくに、眼を閉じた夢うつつの状態の中に現れた、不断に転換するゲシュタルトを観察することから引き出しました。

ミュラーの理論は、私が一人の視覚障害者から受け取った一通の手紙によって確認されます。その人は並外れて豊かな表象能力をもっているに違いありません。たいていの視覚障害者はよく知っている事物に手で触れてその視覚的表象を受け取ります。しかしまた、その表象は霧につつまれたような曖昧なものでしかありませんが、この人はつねに細部まではっきりとした多彩な表象の光景によって取り巻かれています。たとえば、彼はあるときは野外の日当たりのよい風景の中にいたり、あるときは居間の内部にいたりという具合です。それらの表象の光景は彼が実際に置かれている現実の環境と少しも類似したところはありません。また、その光景の中の物は、眼が見える人の感覚的世界の中にある事物とは根本的に違ったあり方をしています。それらの物はストリンドベリの『夢幻劇』に出てくる物のように、独自のあり方をしており、たえずゲシュタルトの転換をするのです。たとえば、日当たりのよい春の風景の中で、家並みが雨後の竹の子のように現れてはまた消え去ります。その春の風景は秋と冬に変わります。大きなホテルのホールにはコート掛けがあるかと思えば、それがヤシの木に転換し、次には人間となって、その場をいそいで立ち去るのです。

視覚障害者が自分の目の前にはっきりと思い浮かべている事物に手を伸ばして、まったく違った物をつかんだとしたら、これによって彼はつねに精神的な打撃を受けます。彼はある家具製作所の持ち主で、そこで自分もいっしょに働いているのですが、自分の手の触覚と把握感覚から確実な認識が得られるので、当てにならない表象の光景に取り巻かれているにもかかわらず、彼は家具製作の仕事ができるのです。そういうわけで、彼は仕事もよくでき、さまざまな鉋《かんな》を使いこなすことができます。ただ鉋の色に関しては、実際の色とは何の関係もありません。しかし、彼が《赤いかんな》がほしいと言えば、どの鉋を指しているのか、彼の仕事仲間には分かっているのです」

画家が尋ねた。「あなたは、想像能力のなかで、表象されたゲシュタルトの形式の転換がたえず引き起こされるのはどうしてか、分かりましたか」

理事は次のように答えた。「たんなる形式の転換に関するかぎり、感覚が提供するどの事物にも、すべて同一の意味をもつ夥しい像があるという点に、その理由を求めることができます。ちょっと椅子のことを思い浮かべてください。椅子を上から、後ろから、前から、そして横からといったふうに眺めるとしたら、どれだけの見え方が出てくることでしょうか。これらの見え方のいずれも他の見え方の代わりの役目を果たせるというのは、たしかに都合がよいことです。しかし、ゲシュタルト全体における意味の転換の場合はもっと深い根拠が必要となりますので、これについて私たちはのちほど議論したいと思います。さしあたり、形式と意味は相互に関係なく転換することもできるということを確認すれば十分でしょう。ミュラーが想像能力に認めているメタモルフォーゼは形式にも意味にも関係しています。そして、まず感覚能力によって得られた感覚印象は、想像能力において、ときにはさまざまに変化するゲシュタルトへと導かれるのです。まさにそれゆえに、論理能力の課題は、想像能力による意味の刷り込みをまとめて司ることなのです」

第十三章　二人の論戦

動物学者の象徴（ロウソク、ハシバミの実、鶏卵）　生物学者の象徴（電灯、クモの巣、巻貝の殻）　生命の特殊エネルギー　物質と因果法則　主体の作用——《自己に即して》　細胞パースン　原像と総譜　ヤドカリと巻貝の殻　ビルツの《生の場面》　ゲーテの箴言——眼と太陽　プラトン、ジーンズ　生存闘争と進歩　人為淘汰　無計画な変異　ダーウィンの誤った合鍵　ドリーシュ、アルント　ヴォルフの後成説　新創造と追創造

《構造か、総譜か》という問題に関する議論は、昨日、中断されたままであった。その議論を再度取り上げるようにと大学理事が提案した。そこで、昼食が済むと、私たちは再び海辺のテラスに集まった。論点をよりいっそう明瞭にするために、動物学者と私のあいだで論争を交わしてはどうかと、理事が勧めた。こうして、フォン・W氏は二つの小さな円形テーブルを設けた。これらのテーブルが動物学者と私の演壇として用いられることになった。私た

ちの向かいの石の手すり際には、聴衆となる理事と画家、邸宅の主人のために安楽椅子が三つ置かれていた。

小さな円形テーブルの上には、二人の論戦を具体的なものにしたいという理事の要望により、いろいろな物が置かれていた。動物学者のテーブルの上には、燃えているロウソク、一個のハシバミの実と一個の鶏卵があった。

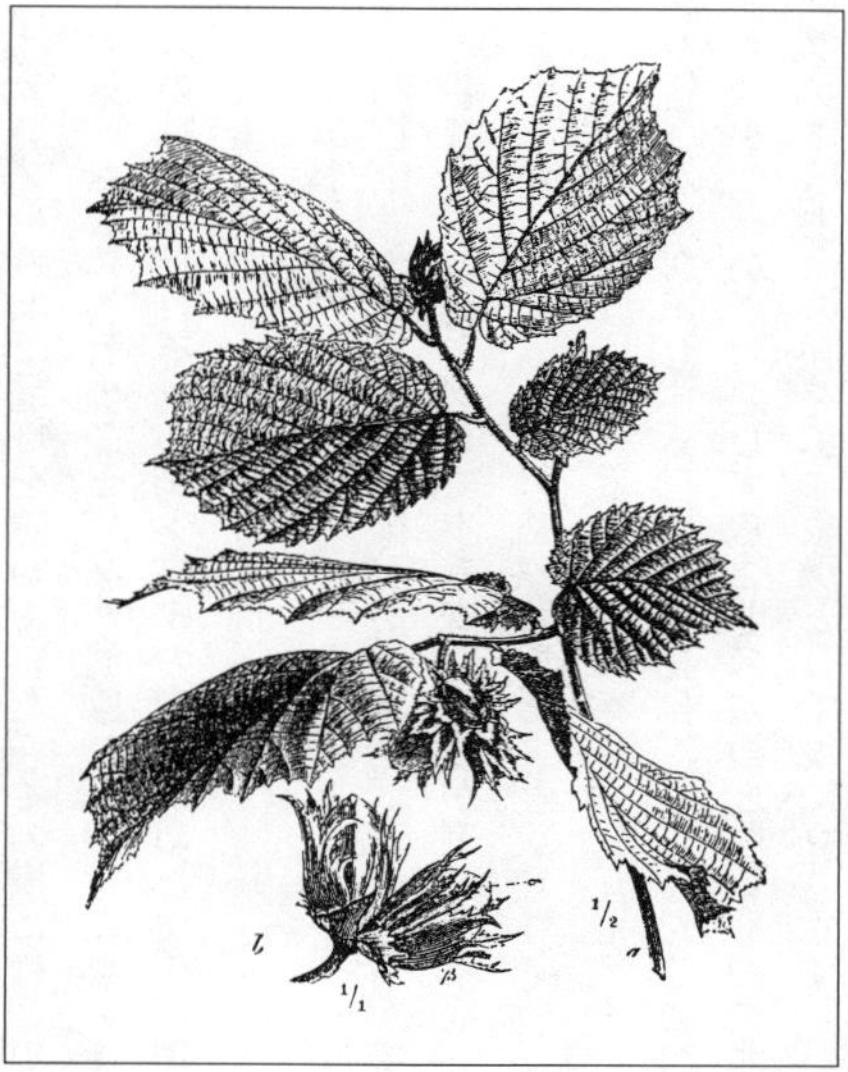

ハシバミの実と小枝

私はテーブルの上に電灯を置いていた。その横には、黒い台紙の上に注意深く貼りつけたクモの巣、さらに巻貝の殻と、私が農園で見つけた鳥の巣があった。

三人の聴衆はそれぞれのテーブルの上を眺めた後で、理事を真ん中にして席に着いた。それから理事は邸宅の主人のほうを向いて、「では、さっそく始めましょうか」と言った。フォン・W氏はうなずいた。

「まず動物学者のほうに発言権があります」と、理事が儀式ばった言い方をした。

動物学者は彼のテーブルに歩み寄り、彼が選んだ事物を指し示しながら話を始めた。

「理事さんから、できるだけ観察に即して、実在する物から出発してほしいという要請がありました。ご覧のように、私たちはこの要請に応じたわけです。

私が皆さんにお示しする三つの事物は、もちろんここでのテーマではありませんが、少なくとも私がこれからお話しすることの象徴となるものです。

ロウソクは生命の胚を示す象徴として役に立ちます。ハシバミの実は植物の胚を示す象徴となり、卵はすべての動物的な胚を象徴することになります。同時に、三つの事物は地球の歴史における生命の三つの段階を特徴づけています。

ロウソクの炎を見ると、あの太古の時代が想起されることと思います。その時代に、地上ではじめて生命の形態が全般的な灼熱状態から分離し、こうして地球史の第一段階が始まったのです。ロウソクはたえず物質代謝をする生命体です。それは、その生命体の糧となる物質をつねに吸収しては放出するけれども、あらゆる性質も含めて、その形態を維持するのです。ロウソクは恒常的な物質代謝のシステムを表すという点で、私たちが生物の定義としているもっとも重要な要件を満たしてくれるものです。

何千年、何万年ものあいだ、事態は順調ではなかったでしょうが、それはともかくとして、至る所で燃え上がる炎の迅速な物質代謝はやがて緩やかとなり、ついには、土壌の物質からその体部をつくり、太陽からエネルギーを利用する一定の形態、つまり植物がもたらされたのです。

炎が次々と別な炎の点火によって蔓延するように、この植物という炎は生命の炎を世代から世代へと伝えます。

そのような胚形成の象徴として、ここではハシバミの実が役に立つはずです。さて、私たちは、昨日、胚形成の過程におけるさまざまな事象を論じてきました。そのなかで、私たちは、生命の展開の第三段階を示す動物に注目しました。というのは、動物は植物が地上に登場した後にはじめて出現することができたからです。つまり、動物はその物質代謝のためには植物の物質とエネルギーを必要とするのです。

どの動物の胚も、すでにお話ししたように、刺激物質を相次いで細胞の中へ送り込む一組の刺激小体を含みますが、この刺激物質は形態を形成するために細胞の原形質に作用し、そしてこの細胞は組織細胞へ転換します。

しかし、これらの刺激物質は、諸器官の形成を組織細胞から理解するためには十分でありません。ですから私たちは、ホルモンと呼ばれる特殊な作用物質を推測するのです。

桑実胚、胞胚および原腸胚という三つの形成段階は、おそらく、それぞれ、桑実胚ホルモン、胞胚ホルモンおよび原腸胚ホルモンと呼ばれる特殊な作用物質によって開始されるに違いありません。

原腸胚期において、同じくホルモンによって支配される器官原基が限定され始めます。原腸胚のどの領域もそれぞれ別なホルモンの支配下にありますが、まだ分化してない体細胞はすべて、それがどこに由来するものであっても、これらのホルモンに誘発されます。

ですから、イモリの原腸胚の口部付近へ移植されたカエルの胚細胞が首尾よくイモリの口部ホルモンの支配下に置かれて、口部器官に結合されるとしても、不思議ではありません。しかし、その細胞はカエルの細胞、つまり、それ自身の刺激体によって支配されています。それで、イモリの頭部に付いたカエルの口となるのです。

いま述べたような、イモリの幼生の中でオタマジャクシの口が形成されるということを発見したのはシュペーマンです。しかし、そのための、まったく宙に浮いた総譜を仮定する必要はないのです。カエルとイモリの場合、口の原基に調整するホルモンは同じであり、そのため、同じホルモンによって同じ器官の形成が開始されると仮定すれば十分です。

ホルモンはけっして唯物論者の妄想ではなく、多くの場合にその構成が知られていて、部分的には合成することもできる明白な物質です。

たとえばハルトマンは、分子構成において区別されるような、自由に遊走する藻類の性細胞の中に、雄性と雌性のそれぞれ一つのホルモンを検出するのに成功しました。

ホルモンの関わりによって、謎めいて見えるその他の過程がさらに明らかにされるでしょう。アルントの映画で私たちは知りましたが、自由に遊走するだけの粘液アメーバから変形菌類が発生するのはホルモンの出現によって説明することができる、と私は確信しています。そのように見てこそ、バクテリア群を食い尽くした粘液アメーバがことごとく、命令に従うかのように、突然、一つの共通の中心点へと急いで、相次いで押し寄せて一体となり、相互に重なり合って、変形菌類になることも、よく理解できるのです。

ここでも、予定された総譜という実体のない作用因ではなく、化学的作用物質が問題なのです」

こう言って動物学者は話を終えた。しばらくしてから理事が口を開いた。

「あなたは、予定された計画性という総譜の仮定を無用のものにしたかったのですね。そのために、作用物質として細胞と器官を支配するような化学的要因を新たに導入したのです。

しかし、楽譜の上に音符を置く代わりに、そこへ形態形成を規則的に行なうための化学的ホルモンを導き入れるとしても、だからといって、私たちは総譜を離れたわけではありません。その場合でも、総譜はホルモンという音符の繋がりの中にひそんでいるのです。この繋がりが因果法則に従う機械的なものであると、あなたがうまく証明できた場合にはじめて、あなたの主張が正しいということになります。しかし、あなたはいまのところ証明できてはいません。

ともかく、これらの問題をさらに議論する前に、生物学者に発言をお願いして、ホルモンについて是非ともおっしゃりたいことを、私は聞いてみたいと思います」

私は立ち上がって話を始めた。

「いま話された動物学者は、生きた細胞を、閉じた物質系と見なすことで十分だということを、私たちに確信させようとしました。その物質系とは、動物は植物から、植物は土壌成分から、それぞれ養分を吸収して、たえず物質代謝を行なう、というものです。この説によると、生きた細胞はどれも無機的自然の循環の中に組み込まれております。そして、生きた細胞が無機的自然から区別されるのは、ただ、その循環が一つの流れの中に、渦に似たそれ自身の中心点をもつことにのみよるのです。この渦というのは、その循環の流れと同じ物質からできていて、その流れのエネルギーによって引き起こされる、ということです。

動物学者たちはただ一つのエネルギー、つまり物理＝化学的エネルギーを知っているだけで、生命はそうしたエネルギーから出てくると主張しています。彼らは、ヨハネス・ミュラーがもう一つのエネルギーを発見したことを見落としています。そのエネルギーはすべての有機体に備わるもので、それをミュラーは《特殊エネルギー》と呼びました。しかし、物理エネルギーの保存則が発見された後では、ミュラーのいう生命に特殊なエネルギーは消え去らざるをえませんでした。自然エネルギーの循環の中には、そうしたエネルギーが入り込む余地はなかったのです。それは、人間の心性を示す実体のない信号であると説明されることによって、解釈が改められたり、それどころか、完全に無視されたりさえしました。

しかし、あらゆる事物は私たちの感覚が生み出したものであり、たんなる現象であって物自体ではないので、古典物理学が行なったようにそれらに必然的な法則規定を求めることは、そもそも不当なのです。

私たち生物学者は、いわゆる自然法則とは、自然の事物に関わる人間の主張にすぎないと見なすのです。もっともよく主張されるものはいわゆる因果法則であり、それはつねに原因と結果を相互に等置しています。

仮に私たちが暗闇の中であちこち手探りして回るとしたら、因果法則の主張はつねに確証されるでしょう。つまり、あらゆる事物は空間の中に配列されており、時間の中で継起的に作用するのです。至る所に、エネルギーの変化によって相互に作用するような形のある物質が存在することが分かります。物質もエネルギーもつねに同じままであり、因果法則の主張が確かめられるのです。

しかし、暗闇の中では事物の性質もその意味も分かりません。ですから、私はここに電灯を置きましたが、これをもう一つの主張のきっかけとしたいと思います。もし電灯が暗闇の中で突然点灯すると、その光は四方八方に広がります。それが起こったとたんに、私たちはもう一つの主張を立ててこう言うのです。事物はたんに物質からなるのではなく、色とりどりの物質からなり、事物はたんに物質として相互に作用するのではなく、どの事物にも特殊な意味がある、と。

この電灯の例は次のようなことを意味するでしょう。すなわち、たんなる客体に関わっているかぎり、私たちはまったく暗闇の中にとどまっており、何も分かりませんが、骨折って調べればどうにか、因果法則に従って相互に作用する物質形態を見つけることができるのです。

しかし、主体が登場するやいなや、この主体は感覚を通じて、色とりどりの、香りのある、そして音のする性質を事物に与え、これらの性質を、中心をなす主体自身のまわりに意味の担い手として配置するのです。

どの主体もそれ自身としてはたんに一つの光にすぎません。他の観察する主体は、ある主体によって客体に与えられた性質を知覚することはできないのです。しかし観察する主体は、それが人間の判断力をもつときには、その事物と当の主体の間の意味関係を十分に認識することができるのです。

さて、問題となるのは、私たちは生きた主体を何によって認識するのか、ということです。物質代謝によってでもなく、それ自体として変わらない形態によってでもありません。それらはやはり客体にも属しうる性質だからです。そうではなくて、私たちは生きた主体を、ヨハネス・ミュラーが発見した特殊エネルギーによって認識するのです。

どの主体もあらゆる外部からの作用に対して、自己自身にとどまるパースンとして応答します。たとえば、ハエはいつもハエとして、トンボはいつもトンボとして、イヌはいつもイヌとして、応答するのです。ところが、たんなる物質形態としての鐘、時計、機関車はあらゆる外部からの作用に対して、《自己に即して》つまりパースンとしてではなく、《他者に即して》応答します。

このことは、たんに動物全体にだけでなく、その諸器官にも当てはまります。筋肉はあらゆる外部刺激に対して、いつも筋肉として収縮する応答を示します。それはゴムバンドと対照的です。つまり、ゴムバンドは伸ばされると、筋肉のときと同じく、収縮するのですが、電流や加熱や物理的衝撃に対しては収縮しないのです。神経もあらゆる外部刺激に対してつねに神経として、つまり、興奮波の伝導によって、応答します。また、どの腺もつねに分泌腺として応答します。

作用器官に当てはまることは、知覚器官にも当てはまります。あらゆる刺激に対して、耳はいつも音によって応答しますし、眼は光と色によって応答します。したがって、一つの器官のどの細胞も独自の作用あるいは独自の知覚を用いてパースンとして応答する、と言うことができるのです。こうした理由から、私たちは生きた細胞をその活動に応じて《作用者》または《知覚者》と呼んでもよいのです。ところで、組織細胞の種類と同じだけの種類の細胞パーソンがあります。

たとえば、筋肉細胞を私たちは《揚げる者》と《妨げる者》に分けることができますし、結合組織細胞と骨質細胞は《支える者》と見なせる、という具合です。同じく、知覚者は《聞く者》、《見る者》、《嗅ぐ者》などに区別されます。もちろん、さまざまな種類の細胞パーソンが共同しているので、これを理解するのは、ある機械の歯車装置を解明するよりもいっそう困難なのです」

ここで、理事が私の話を中断してこう言った。

「おそらくあなたのお気に召さないことではないでしょうから、ここで、多くの人々の機械的な共同作業を示す一つの例を紹介しましょう。ロシアのピョートル大帝が王宮で合唱団を編成しようとしました。この合唱団にたんにロシアの民謡を歌うだけでなく、西欧の歌曲とアリアをも歌わせようとしたのです。しかし、困ったことに、当時のロシアの歌手たちはまったく素養がなく、楽譜というものも知らず、西欧の音楽に何の理解も示さなかったのです。宮廷指揮者は次のような独創的な考えを思いつきました。彼は、歌曲の中のさまざまな音と同じだけの多くの歌手を選び出しました。さて指揮者は、彼が合図するとすぐ出さなければならないただ一つの音を、それぞれ一人一人の歌手に覚え込ませました。こうして彼は、パイプオルガンを演奏するオルガン奏者のように、さまざまな人の音を用いて演奏したのです。

指揮者は音を出す歌手に対して、インパルスの送り手の役割を果たしました。彼自身のほうは歌曲の総譜によって支配されていたのであり、この点にこそ、私たちの脳細胞の活動との相似があるのです。この脳細胞は、そのときどきの行動に対応する正確なシグナルの順を、接続した知覚パースンと作用パースンに与えるために、生命メロディーによって導かれるインパルス細胞なのです」

フォン・W氏が理事の話を中断してこう言った。「私の理解が間違っていなければ、あなたのお話によると、中枢神経系の細胞は、《インパルスの担い手》であると同時に生命の総譜の担い手でもあるというように考えてよいのですね。つまり、この中枢神経系の細胞を媒介として、この生命の総譜が、生命メロディーを演奏する、つまり、生命メロディーを現象の中で行動として出現させる、ということですが」

私は次のように答えた。

「似たようなことですが、私は器官細胞に対する脳内の神経節細胞の関係を思い浮かべました。ロシアの指揮者の例は、その関係にとってあざやかな範例を示してくれます。

だが問題なのは、動物の行動をたんに、そうした機械的事象に似たものとして理解することだけではありません。さらに、範例はいっさい見当たらないような、有機的形成の発生を洞察することがより重要なのです」

動物学者はこう言った。

「よく訓練された人々も機械の活動を模倣できることは、否定しがたいことです。たとえば、営庭に行きさえすれば、下士官が彼の小隊の兵士を機械に似た形にまとめ上げるのを見ることができるのです。

けれども、有機化学の物質のほうが人間存在の場合よりも、機械的形成物を作るうえではるかに制御しやすい材料を提供してくれます。ですから私は、生きた細胞はパースンという性質をもつのではなく、物質代謝しているゲシュタルトであると考えておきたいのです。私の考えでは、《自己に即して》反応するとは、いったん始められた物質代謝が、それぞれの外的作用をその働きの中へ引き入れるのだ、と想定すれば十分なのです。つまり、ミュラーの特殊エネルギーを正確に評価するには、それで十分ということです。

さらに、細胞の特殊エネルギーというのも認められません。それは次の点から明らかです。たとえば、移植のさい、皮膚細胞からただちに脳細胞が、そして、脳細胞から皮膚細胞が生じるのですが、その場合、それらは最初の特殊エネルギーを失い新しい特殊エネルギーを受け入れるというのであれば、エネルギーの特殊性というのはそれほど特殊とは言えないことになります」

私はこれに対して次のように答えた。

「それはミュラーの説に対する反証にはなりません。まだ組織細胞の形成の段階にある細胞は、けっして決定的な意味での特殊エネルギーを獲得したわけではないのです。そうした細胞は、まだその最終的な形態に向かう途中にあって、器官に備わったその特殊な構成命令にのみ従うのです。その構成命令が形態形成ホルモンとして登場することを、私はけっして否定するつもりはありません。しかし、こうした命令は物理＝化学的強制にではなく、あらかじめ定められた総譜に従うのです。

動物自身が造り出す使用物を例にとって、形態形成はホルモンがなくても行なわれうるという証拠を示しましょう。

人間のどの使用物も、その意味とゲシュタルトは製作者の経験によっています。その経験というのは、製作者自身が自分で行なったか、他の製作者から学んだものです。

さてここで、オニグモが張りめぐらした巣網の目を見てください。それは、オニグモがハエにはじめて出会う前に造ったものです。ところが、網は、網目の大きさ、粘着糸の配置、その糸の微細さといい、抵抗力といい、非常に正確に造られています。そのため、ふつうのハエはどれも必ず網に引っかかってしまいます。というのは、大きな視覚エレメントからなるハエの眼では微細な糸は見分けることができないからです。

おそらくクモの巣はハエという種の原像の影響を受けて出来上がった、と私たちは主張してもよいと思います。さて、ここで確実に言えることは、ハエの原像からクモにホルモンが送られることはありえないということです。しかしおそらく、クモとハエの二つの原像は種に応じた命令からなる同じ総譜の中に織り込まれていると言えるでしょう。

同じことはロビン（ヨーロッパコマドリ）によって造られたこの巣にも当てはまります。巣が造られたときは、巣の中の卵と雛はまだまったく存在していませんでした。ですから、卵と雛がロビンの巣造りに影響を及ぼすことはなかったのです。

巣造りする鳥はその経験を積んでいませんが、その造営をきわめて確実に行ないます。鳥はまたけっして適当な藁を探すのではなく、確実に最適のものを取ってきます。それは獲物を捕獲する場合と同じ行動です。つまり、鳥は、環世界のあらゆる物の中から獲物のトーンを通じてすぐに獲物を見分けます。それと同様に、鳥は巣のトーンとぴったりの藁を見つけるのです。ここでも、ホルモンが巣から出てくるのではありません。しかし、たしかに鳥と巣は、造形の命令からなる同じ総譜に属しているのです。

さて皆さん、ここに巻貝の殻が見えるでしょう。これは造形ホルモンを用いて巻貝が造り出したものです。巻貝が死んだら、殻は無意味な残滓でしかありません。しかし殻は、小型のヤドカリにとっては新しい意味をもつことになります。

タンザニアのダルエスサラーム付近のマカトゥンベという小島では、ヨーロッパのコフキコガネと同じように、あらゆる茂みと樹木の上に何百もの小型のヤドカリがあちこちよじ登っています。これらのヤドカリはどれも巻貝の殻を身につけています。ヤドカリはその殻で柔らかい尾部を保護し、その中へすべり込んで隠れることもできるのです。比較的暖かい海では、大きなヤドカリが重要な役割を果たします。ただこの暖かい海では、巻貝の殻は厚みがあって重たいのです。こうしたヤドカリにおいては、しばしば宿替えが観察されます。

巻貝においては、殻が身体に従っているのに対して、ヤドカリにおいては、身体が殻に従っています。ヤドカリの尾部は薄くて動きやすいもので、先端に固定装置の器官があります。その器官は、巻貝の殻の最端の渦巻きにぴったりと適合しています。そのため、巻貝の殻がヤドカリのものであるかのようです。

この場合でも、巻貝の殻からヤドカリの構造を決定するホルモンが出てくるとは、誰も主張できないでしょう。ここでもまた、はじめは《巻貝と殻》の関係を、後には《殻とヤドカリ》の関係を決定するのは、共通の総譜なのです」

熟慮しながらフォン・W氏は言った。「かけ離れた音声も相互に結びつける共通の総譜という考えは、実際には、たとえば何度も話題になった、レアの話に示されるような関連を解釈する唯一の方策であると思われます。

この場合、総譜は、たとえば、雛が孵化して卵から出るとか腐った卵を踏みつぶすとかのさまざまな小節を奏でながら、それらを一つの場面に統一します。いずれにしても、ここではホルモンの介入は問題にならないのです。意味のあとに意味がつづきます。これらの意味はつねに意味に従って統合されているのであって、けっして化学的に結合されているのではありません。

こうした注目すべきての事象は、あなたがすでに述べられたように、ビルツの提案に従って、生の場面へ分解することができます。それらの場面は、自然界の中でシナリオの指図どおりに起こるのです」

そのとき動物学者が発言した。

「あなたはいま、二つのテーゼを提起しましたが、私はそれらに反対せざるをえません。まず、あなたの第一のテーゼによると、自然の中であらゆる事象は計画どおりに、予定された総譜に従って、あるいはシナリオどおりに行なわれる、ということです。これに対して、私の考えでは、あらゆる自然の事象は因果法則に従うのであり、計画も、シナリオも、予定された総譜もありません。植物と動物の諸機構の計画どおりに見えるあらゆる関係は、生存闘争の帰結なのです。この生存闘争によって、たえず淘汰が進められて、ついには適者のみが生存することになるということです。

さて、私は、第一のテーゼを批判しようと思います。しかし、私としては、慎重な対応をするつもりですし、どうしても主張できない点については撤回し、生物学者の言うこともある重要な点では正しい、と認めるつもりです。

あなたをAと呼び、あなたの友人をBと呼ぶとします。AとBの二人が海辺に立って、沈みかけている太陽を眺めているとしたら、A、Bのいずれも別々の太陽を見ているのです

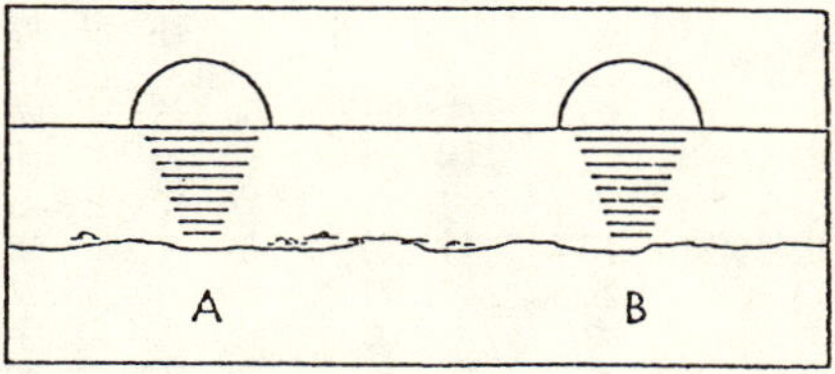

［図］。このことは、太陽からA、Bの所まで伸びる黄金の道の輝きが、A、Bのいずれにとっても海辺の別々の石に当たるということから、確認できるでしょう。太陽光線の道は、太陽がA、Bの身体から海辺の砂へ投げかける影とは正反対の方向にあるので、これらの影は互いに平行的です。A、Bの所まで伸びる太陽光線の道が出てくるそれぞれの起点は一致しません。だから、A、Bのいずれも自分の環世界の中で別の天空と別の太陽を見ているのです。

この注目すべき現象は、次のように説明できます。つまり、A、Bが見る二つの太陽は、けっして、九千万マイルの距離から地球を照らし出すあの太陽ではなくて、それぞれの観察者の眼からその青い幕へ描き出される光の現象である、ということです。また、私たちが天空と呼ぶこの幕は、まさに眼の網膜に映る像に他なりません。眼はあらゆる可視的なものを包み込むのです。

眼を有する生物のどの視覚空間も、私たちが天空あるいは地平と呼ぶ《最遠平面》によって閉じられています。視覚空間は、生物学者の学説によれば、動物によって違います。視覚空間は、ワシの場合は何マイルも広がりますが、ハエの場合は一メートルに縮みます。

以上のことは認めましょう。つまり、私は、動物のさまざまな環世界に関する生物学説を主要な点で受け入れるのです。しかし、環世界に応じて多くの太陽が存在するというのは認められません。あらゆる環世界に対して、ただ一つの現実の太陽が存在するのです。太陽というのは宇宙の中では取るに足らない一つの恒星でしかありません。

ゲーテが次のような箴言を述べています。

眼が太陽のようになっていなければ、
太陽はけっして見られなかったであろう。

このことに私たちは同意できますが、しかしいま、あなたはこの言葉をさらに拡張して次のように言うことになります。

太陽が眼のようになっていなければ、
太陽は天空に光り輝かなかったであろう。

あなたにはこの主張の帰結が十分に理解されていません。たしかに、眼は疑いもなく生命の所産です。しかし、太陽を眼に依存させることによって、あなたは太陽も生命の所産にしてしまったのです。そうした依存性が成り立つのは、ただ、二つの場合のみです。つまり、眼と太陽の両方とも同じ神によって創造されたか、あるいは、太陽そのものが一種の神性であって、それが生物の眼をその像に従って形づくるか、のいずれかなのです。二者択一の最初の場合には、旧約聖書の権威のみが挙げられます。すなわち、《はじめに神は天と地とを創造された》ということです。しかし、これには微塵の証明もありません。残る選択肢、つまり、太陽そのものが反射鏡を創り出したのであるから、太陽は何千もの環世界の中で映し出される高次の存在であると見なすのは、あなたにとってさえ極端すぎるでしょう」

ここで、フォン・W氏が言葉をさしはさんだ。「二番目の選択肢は、古代ギリシア人の信仰とほぼ一致するでしょう。オットーのお蔭で私たちはそのことが理解できるようになりました。ギリシア人にとって、星のきらめく宇宙を包み込んだ天空は最高の神性であり、もちろん、太陽も光の担い手として一つの神性でした。こうした神性を人々に理解できるようにするために、それに人間的特徴を与えることが詩人や画家、彫刻家の課題となったのです」

動物学者は笑ってこう言った。

「あなたはまったくすばらしい神性を考え出しました。完全に無意味に回転し、あらゆる方面に光線を放って、少しも私たちの地球の生物とは関わらないような火の玉が神性というわけですか。しかし、そうなると、地球全体はそこに住むいっさいの生物とともに、太陽とまったく関係をもたずに消滅するでしょう。

また、生物学者の主張では、この巨大な天体は眼のようになっている、つまり、人間の眼に依存しているということですが、実際にはこの天体は人間とは何の関係もないのです。太陽と人間のあいだに関連があるということを、ギリシア人の天文学者も本気では信じなかったでしょう」

これに対して私はこう応答した。

「あらゆる天文学者は、ギリシアにおいても現代においても、宇宙に輝く太陽の記述を仕上げるには、眼の感覚データに頼らざるをえませんが、そのデータは、環世界の天空に輝く太陽を観測して獲得したのです。非常に倍率の高い望遠鏡を用いるとしても、彼らが天体の恒星と太陽において見る諸性質は、ヨハネス・ミュラーが述べるように、彼らが感覚器官によって見つけたものを、外の世界に移し入れた標識以外の何ものでもありません。太陽に関する私たちの表象は、その形態と意味をもっぱら大脳の生きた知覚細胞に負っているのです。

現代の天文学者は物質とエネルギーを確信しましたが、そのかぎりにおいて、太陽はエネルギーと物質の中心に他ならないものとなったのです。ギリシア人は全自然の中に絶大な神的生命の作用を見ました。そして、その神なる生命の掌《たなごころ》においては、人間の眼と太陽は同じ重みをもっているのです。

ただ一つのことだけは確実です。仮に太陽がつねに眼によって新たに創造されないとしたら、太陽は環世界の天空に光り輝くことはないでしょう」

大学理事は次のように言って、一応この議論に終止符を打った。

「この論争についてはいかなる一致も達成されないでしょう。というのも、出発点が相互に排除し合うからです。外部から世界を観察する人にとっては、主体は消滅して実体のないものになります。また、内側から主体として世界を眺める人は、世界が、空間と時間の人間的な直観形式の枠の中に組み入れられていて、感覚器官のお蔭で存在するような事物だけで満たされている、と見るのです。たとえそれらの物が塵の粒のように小さくても太陽のように大きくても、です。

こうした両者の矛盾は、イデアと現象が一致するような、さらに高次の観点から二つの立場の権限を認めることによってのみ、解決できるのです。プラトンがこの道筋を私たちに指し示しました。しかし、天文学者はこうした方向に向かうことを拒んでいます。もっとも、ジェイムズ・ジーンズのようないく人かの物理学者はおそらくそうした道筋を選ぶと思いますが。

さてともかく、私は動物学者に、彼が批判したいという第二のテーゼについて述べるようにお願いします」

動物学者が言った。「第二のテーゼによると、これも私にとって非常に不快なものですが、自然の中で起こるあらゆるものが意味づけられる、ということです。このテーゼは、私たちがあらゆる世界の中で最善の世界に生きているという信仰命題に密接に関連しています。これに対して、私たちダーウィン主義者は、恐れずに自然を注視しています。つまり、自然というのは、道徳的な観点から言えば非難されるべきものです。自然は、むやみに打ちかかってきてはもっとも貴重なものを破壊してしまう人に似ている、ということです。私たちは生命の正体を暴露して、生命を幸運な被造物の輪舞としうるような、高次の知恵も崇高な調和も存在しないことを、明らかにしました」

理事は言った。「しかし、動物に関しては、使命ということを問題にしなければならないと思います。しかも、種の使命が個々の生物の運命になる、とも言えるでしょう。生物はたいていの場合に、種の使命に奉仕するために滅びなければなりません。しかし、それぞれの種は、つねに一定数の個体からなる世代の連続なのです。またそこでは、適者の淘汰はけっして起こらず、正常者の確証がなされます。こうして、種は変わることなく生きつづけるのです」

このとき私が言葉をはさんだ。

「理事さんの説明は一つの重要な点に触れるものです。ダーウィン主義者たちはおそらく、生存闘争が世界を涙の谷に変えたことを認めるでしょうが、しかし、彼らは自分たちの理論を言いつくろってその弱点を隠し、こうした道徳的隠蔽を《進歩》と呼ぶのです。

この進歩という言葉で彼らは人々を惑わすので、そのために人々は、自然全体にわたる絶望的状況を忘れるのです。もしダーウィン主義者のように自然の中にただ絶え間ない殺戮のみを見るとしたら、そうした絶望的状況しか見えないはずなのに。また、この《進歩》という言葉には改良のイメージが結びつけられますが、しかし、これは問題になりません。下等動物も高等動物と同じく、その環世界にぴったりと完全に適合しています。ということは、動物の身体の体制における多様性のみが増大したのであって、その完全性が増大したわけではないということなのです」

動物学者は言った。

「あなたが《進歩》という言葉で改良を理解しようとするのか、それとも多様化を意味するのかはどうでもよいことです。いずれにしても、生存闘争が新しい種の成立を可能にする大きな推進力なのです。なぜなら、もしもすでに存在する種の中の変種から――この変種は他の種より生存能力があるわけですが――、その変種から新しい種が発生しないとしたら、新しい種はどこから発生したというのでしょうか。究極の変種はヒトであり、ヒトはサルの変種以外の何ものでもありません。ヒトは、私たちの地球がもたらした不幸な被造物の系列の中で最大の不幸を背負う者です」

これに対して私は次のように答えた。

「ある程度は、あなたの言うことが正しいと私は認めなければなりません。しかし、トンボがその口先に置かれた自分自身の尾部の端をどんなに一生懸命にむさぼり始めるかを見た人は、無脊椎動物には痛覚というものがないと確信するでしょう。痛覚は、個々の個体が重要となる場合にはじめて、ある役割を演じ始めます。そこで痛覚は、もっとも重要な諸器官の番人として役立ちます。それは、何よりも自己破壊から身を守るためのものなのです。ところで、無脊椎動物においては、さらに、途方もなくたくさんの子孫を生み出すような脊椎動物においても、痛覚はきわめてわずかな役割しか果たしません。たとえば、アナウサギは、人間と比較すると、ほとんど痛みを感じませんし、魚については言うまでもないことです。自然はあなたが描き出したほど残酷なものではけっしてありません。

さて、おびただしい数の子孫の死滅に関して言うと、両親の数がどの世代においても同じであるとしたら、死亡率は九八パーセントと見積もってもよいでしょうが、種の利害と並んで、他の生物学的要因も関わってきます。かつて、《自然の経済》について語られ、この《自然の経済》というものを維持するために、ある種が他の種の餌食とならねばならないとされましたが、それは不当なことではありませんでした。

もし私たちが、個々の種がもっぱら他の種に有利であるような性質をもたらすという事実を見るとしたら、この《自然の経済》という考え方を忌み嫌うことはなくなるでしょう。《自然の経済》においては、ある種は他の種に対して保護するものとなったり、食物であったりします」

ここで、理事が口をはさんだ。「あなたのおっしゃることはまったくもっともなことです。しかし、全般にわたる無方向な変異という動物学者の見解がそれによって反駁されないのであれば、そのかぎりで、生命による自然の計画的な支配というのは形勢が悪いのではないでしょうか。植物と動物における無計画な変異からは、生物学的というよりむしろ物理学的な印象を受けます」

動物学者は、「そのとおりです」と理事の異議を支持して、こう言った。「実際に、ダーウィンは彼の自然淘汰説を生物の変異全般の上に築き上げました。彼にとって出発点として役に立ったのは、ハトにおける人為淘汰でした。ハトの育種家は任意のどんな変異個体でも作り出すことができます。それと同様に、自然はあらゆる可能な型を生み出すことができます。そして、これらの型の中から、自然は生存闘争によって生存能力をもつものを選び出します。新しい種の起源とは、このようなものです」

そこで私は次のように言った。

「家畜化された動物において見られる変異の幅はますます大きくなっています。それはイヌの品種の場合にもっとも印象深いものです。イヌの品種は全体として一つの共通の祖先にまで遡ります。この例はダーウィンの学説を確証し、生物の無計画な変異が一般的であることを示唆するように見えます。だが、このことはきわめて表面的な考察をした場合にのみ言えることです。ここでは、生物を個別の器官からではなく機能の面から捉えてみるのがいいと思います。あなたが覚えていらっしゃるように、私たちは生きたどの動物においても、知覚器官と作用器官を区別することができました。これら二種の器官が、計画どおりに相互に結合されて、動物の身体を形づくるのです。

もし私たちがこうした観点からさまざまなイヌの品種を考察するとしたら、イヌの歩行器官には非常に変化があるということが分かります。それには、たんにダックスフントの脚とグレーハウンドの脚を比較しさえすればよいのです。しかしまた――このことがきわめて重要な点ですが――、機能そのものの内部ではいかなる変異も起こりません。長い脚が三本で短い脚が一本といったイヌはけっして生まれないのです。たしかに、ダックスフントの場合のように、歩行機能の上に穴掘り機能が付け加わり、それに応じて前脚が変形するということもあるでしょう。しかし、このことは定まった計画によるものであり、けっしてでたらめに起こるものではありません。

生物学的器官の機能を損なわないような小さな個体的差異は別として、動物の知覚器官と作用器官は一定不変です。

可変的であるのは、全体としての生物学的器官のみです。ここではウニの例が分かりやすいでしょう。短いとげを備えたウニは、自立した反射パースンの形をとったかなりの数の作用器官をもっています。ウニの体の全体に分散した掃除叉棘からなる掃除器官があります。また、捕食叉棘からなるプランクトン動物の捕獲器官があり、たたみ叉棘からなる小エビの把握器官があります。最後に、毒叉棘は共同してヒトデに対する有毒器官を形づくります。この毒叉棘は全体として可変的なものです。というのも、その機能が反射にもとづくような種もあるし、毒叉棘が張りつめた弩《いしゆみ》のように働くといった他の種もあるからです。

ここで、機能は同一のままであるけれども、新しい技術が利用されるといった飛躍的変異が明らかとなります。

飛躍的変異は突然変異と名づけられました。それはド・フリースとルーサー・バーバンクの名前に結びついています。バーバンクは、すでに述べたように、ウチワサボテンの一種では、十万株の苗木のうち、とげをもたない、つまり、防御器官が欠けている数株を見つけることができました。それらは純系種でしたし、人間の食物にとって重要でしたのでさらに栽培されました。

飛躍的変異によって成立した機能器官が自然にとって重要であるという条件のもとでのみ、私たちは自然淘汰について語ることができます。そのさい、生存闘争は何の役割も果たしません。無方向で無計画な変異などはまったく存在しないのです。逆に、変異というものは、確固とした規則に結びついています。

1　器官の機能がたんなる変異によって変わることはけっしてありません。

2　突然変異によって変化した機能器官はただちに身体全体の機構に組み込まれます。したがって、突然変異はけっして無計画には起こらないのです。

3　飛躍的変異つまり突然変異のみが新しい構造をもたらします。

4　突然変異によって、種は、新しい品種を形成し、変化した外的諸条件に同化する可能性を獲得します。

5　あらゆる生物学的事象において、機能と意味は緊密に結びついています。どんな変異が起こっても両者のあいだを切り離すことはできません。ですから、動物全体にとって意味がないような機能器官は変異によって作り出せません。また、動物の環世界におけるあらゆる要因は、それらが動物の生活にとって重要であれば、知覚器官であれ作用器官であれ、ともかく機能器官によってキャッチされます」

そのときフォン・W氏が発言した。

「無方向で無計画な生物の変異というダーウィンの学説は、あらゆる生命の謎を解決するように見えました。その説によると、もっとも単純な原形質構造であるアメーバをはじめとして、どの種も一連の変異する子孫を生み出しました。そして、その中から生存闘争によってさまざまな最適者が残され、そのつど最適者は両親よりもわずかだけの進歩を示しました。こうして、ますます完全な構造が、より多様な型のつねに新しい種が、生じました。アメーバの後に滴虫類が、その次に、一方では四放射相称または六放射相称動物、つまりイソギンチャクとサンゴがつづきますし、他方では五放射相称動物、つまりウニ、ヒトデ、ナマコがつづきました。その後に、蠕形動物と軟体動物、貝、カタツムリとイカが発生しました。同時に、カニと昆虫が分かれました。

蠕形動物の中からもっとも前途有望な子孫として脊椎動物が出現しました。さらに、その子孫は哺乳動物において頂点に達しました。哺乳動物の栄冠を勝ち得たのは人間でした。

あらゆる生命の謎に対するこうした単純な機械的解決は、生命の秘密への門を開くことはけっしてできないような、誤った合鍵でしかなかったのではないか、それはおそらくその合鍵の所有者に、生命の手の内を覗き込んだという、生命に対する優越感をもった不遜な感情を与えただけではないかと、私はいつも疑っていました。

私たちはまず、いくつかの事例でダーウィンの合鍵なるものの有用性を試してみましょう。

たとえば、ヒラメは視覚装置を改造し、下方の眼を頭部を横切って上方へ移動させました。というのは、ヒラメは、一方の側を砂の中に横たえて獲物を待ち伏せするので、脊椎動物の体の仕組みからいって一方の眼は砂地を向かねばならなかったからです。これによって、その視覚機能はもとのまま維持されました。

そこで、お尋ねしたいのですが、こうした例を、無計画な変異と生存闘争のせいにしうるのでしょうか、それとも、ここでは視覚機能に役立つような形態形成の計画が遂行されるのでしょうか。

すでに述べられたように、ガは、コウモリのピーという超音波を、主要な敵の存在を知らせる音として、それのみを唯一知覚できるような聴覚器官を形成しました。そのことも無計画な変異のせいなのでしょうか。生存闘争によってこうした聴覚器官が形成されたとすれば、その聴覚器官を形成するために、どれほど多くの無益な試みが根絶やしにされねばならなかったことでしょうか。しかし、そうした試みがあったことを示す形跡はどこにもありません。むしろ、ガの生命には敵のトーンの意味を考えに入れた形態形成の計画があると考えてみるほうが、もっともなことではないでしょうか。

エンドウマメゾウムシの幼虫は、えんどう豆の内部で過ごして養分をとりますが、豆が堅くなる前に、そして実際にそれを利用するよりもずっと前に、豆の外へ抜け出すための出口を作っておきます。こういった仕方で、もはや幼虫の咀嚼器官を自由に用いることができないほど成長したエンドウマメゾウムシは、えんどう豆が熟して堅くなったとしても、豆の外へ出ることができます。この場合、どんなにわずかな変異でも死を招くに違いありません。というのは、堅くなったえんどう豆の穴を開けることは成虫にはできないからです。仮に生存闘争が起こったとしたら、それはあらゆるエンドウマメゾウムシにとってただちに致命的なものとなったでしょう。ここにはむしろ、とくに印象深い形態形成の計画が存在すると言うべきではないでしょうか。この計画の中では、幼虫が成虫に変態することも、えんどう豆が堅くなることも、いずれも予想されているのです。

　無計画な変異と生存闘争というのはここでは無意味です。むしろ、計画に従った諸関係が形態形成の原理となっています。ですから私は、ダーウィンの間違った合鍵を最終的には拒否するのです」

そこで私は次のように説明した。

「まったくあなたのおっしゃるとおりです。ダーウィンの合鍵——あなたはそう呼んでいますが——、その合鍵によると、それぞれの世代が先行する世代に比べて一つの進歩を示すと言われるような、切れ目のない世代の系列が証明されるとのことです。

こうした主張の根底には、世代から世代への移行は飛躍的ではなく滑らかに起こるという想定があります。

エンドウマメゾウムシの幼虫の魔術的道

したがって、類縁関係の近いものはみな相互に似通っていなければならないということになります。しかし、これは誤謬推理です。およそダーウィンのような教養ある動物学者であれば、そうした誤謬推理を行なえなかったはずですが。たとえば、きわめて大きな形態転換を示すけれども、近い類縁関係にある動物の例があります。幼虫とチョウはまさに相互に近い類縁関係にあるわけで、それらは一つの動物と見られるのです。それにもかかわらず、幼虫とチョウはミミズとツバメほどに非常に異なっています。水の中に住むトンボの幼虫、ヤゴは、その形態において、カニがタカと異なっているように、空中を滑空する成虫とは著しく違っています。

しかし、たんに昆虫においてだけでなく、また脊椎動物においても、飛躍的な形態転換の例が見出されます。オタマジャクシはまったく植物性の餌を摂る四肢のない魚そのものです。その生活形態は跳びはねる陸生動物の形態へ転換しますが、これは動物性の餌のみを摂取するのです。

直接相互に結びついたもっとも近い類縁関係にある動物の形態に見られるこうした飛躍は、動物分類の《種》、《属》、《科》、さらに《綱》でさえも無視するものです。ところが、ダーウィンはあえて、人間は飛躍的な移行なしに直接サルに由来するに違いない、と主張しました。

そこで、ヒトとサルのあいだの失われた環（ミッシング・リンク）を求める滑稽な追跡が始まりました。しかし、どの研究者にとっても、そこでは、構成計画の全体を包括するような飛躍的な形態転換が見られることがはっきりと分かったはずでしょう。

人間がサルの胚原形質から出現したという仮定を妨げるものは何もありません。しかし、この場合、チョウが幼虫に対して行なったような一つの飛躍が成し遂げられたのです。

チョウが幼虫から出現できるためには、幼虫の組織はあらかじめ完全に溶解されなければなりません。その後に、幼虫の形態形成の出発点ともなった同じ素材、構造のない原形質から、チョウの形態形成が始まります。構造のない同じ原形質が幼虫とチョウのあいだの唯一の介在物となっております。二つの非常に異なった形態が成立するのは非物質的な要因のお蔭であり、この要因を私は比喩的に総譜と呼びたいのです。

形態形成は潜在的な構造の作用によるものではない、という証明を二人の研究者が提示しました。まずドリーシュの有名なウニの実験があります。彼はウニの胚を二等分しました。そのさい、もし内的構造が傷つけられたとしたら、半分になった二つのウニが結果として生まれてくることになります。もし潜在的な構造がなくて総譜のような非物質的な要因のみが存在するとしたら、この総譜は切断によって影響を受けることはなかったでしょう。結果として二つの小さな、しかし正常なウニがもたらされるはずでした。そして実際にそのとおりでした。

第二の研究者はアルントです。すでに述べたことですが、彼の映画から次のことが明らかになりました。つまり、何らの構造ももたない粘液アメーバが、統一的な命令に従いながら変形菌類の組織に改造されるのです。

こうした事象は、形態形成を指揮監督する非物質的な総譜の介入によってのみ説明することができます。

私たちが非物質的な総譜という着想を理解しようとした場合にはじめて、カスパル・フリードリヒ・ヴォルフが進化ないし展開の説に対して後成ないし新創造の説を対置したとき、

カスパル・F. ヴォルフ
(1733-1794)

彼が何を考えたかということが分かるのです。さらにまた、生命というのは、新しい総譜によってどのような形態転換でも引き起こすことができる、ということも分かるでしょう」

理事がそのとき議論に加わってきた。

「私はその後成説という語が出されるのを、問題解決のきっかけとなる渡し台詞のように待ち望んでいました。実際に、今日でも、胚の中に隠された構造から生物が展開したことを仮定する研究者、進化論者がまだ存在しています〔前成説〕。もちろん、人間の精子が発見された後、外套と帽子、フリルを身に付けた小人を顕微鏡の中へ想像した十八世紀の研究者ほど素朴ではないとしても、ということですが。

もし私がヴォルフの意味での後成説を認めるとしても、しかし私は、生物の形態形成に対して《新創造》という言葉ではなく、その代わりに《追創造》という言葉を用いたいと思います。なぜなら、この言葉によって、すでに存在している総譜による創造という意味が示されるからです。

新創造という言葉は、新しい総譜が始まり、これまでになかった形態が出現するような場合——たとえば、人類の発生のような場合にのみ限定しようと思います」

すると画家が次のように言った。

「理事さん、あなたが追創造と新創造の厳密な区別をなされたことに対し、私はたいへん感謝しております。というのは、そのことが芸術において決定的な役割を果たすからです」

ここで、窮地に追い込まれたと感じた動物学者は画家の言葉をさえぎった。

「そうした心理学的に厳密な区別は、このさいどうでもいいことです。いまは対立点をとくにはっきりと定式化することが大事です。進化か後成か、あるいは展開か創造かということは根本に迫るものではありません。根本的な対立は次の点にあります。すなわち、私たちは有機体を、内的構造によって結合されるような、諸器官で合成された機械的形成物と見るか、それとも、有機体を、その諸器官が総譜によってのみ結合されているオーケストラであると見なすのか、ということです。

構造は作用の規則を意味し、総譜は知覚の規則を意味します。

仮に、細胞を自立的な知覚者と作用者に分離する生物学者に従うとしたら、私たちは、たんに知覚によってのみその諸部分が結合されている細胞オーケストラの考え方に直面することになります。

ためしに、そうした考え方で何らかの生物を組み立ててみるようお願いします。その生物はあなたの手から砂のように流れ出てしまうでしょう」

なだめすかすように理事が手を上げた。

「角をためて牛を殺すようなことをしないで下さい。生物には何の構造もないなどとは誰も主張しませんでしたよ。そうではなくて、構造形成の根底にあり、またそれに先行するのは総譜であるということだけなのです。構造はつねに作用の因果法則に従属していますが、総譜は知覚の法則の基礎となっています。お認めのように、総譜は知覚の規則であるという定義を、私はあなたのお蔭で知りました。

動物の形態形成は総譜のような規則に従って起こるのであれば、後成説の学説において創造行為として登場するのは知覚であるということになるでしょう。

ある歌曲が歌われるとき、音声は、規則的な知覚の連続であるメロディーに従っています。この規則的な知覚の連続は、運声法と呼ばれています。多くのコーラスまたは楽器が存在するとき、総譜が問題となります。つまり、運声法（コーラスの指揮）または総譜は、交響曲が演奏される前に、すでに存在していなければならないのです。総譜は譜面に固定されて、指揮者に渡されます。指揮者はコーラスの指揮のときその総譜に従うのです。

まさにそれと同じように、諸器官の形態形成においても、それらが構造を獲得する前に、コーラスの指揮のようなものが存在していなければなりません。

こうした総譜を確定して、そこから構造の形成を引き出すことが、生物学の主要課題となるのです。したがって、構造と総譜は像とその範型として対立しています。構造が機械的つまり空間的な作用構成を有しているのに対して、総譜は時間的な知覚構成を有しているのです。

眼の構造形成の範型は、身体的形成物ではなく《見ること》そのもの、すなわち純粋な知覚活動であり、これを核として作用形態としての眼が明確な形をとります。こうしたことを、私たちは創造行為と見なすのです」

さて、誰もが大学理事の説明に心を奪われていたので、かなり長いあいだにわたって沈黙がつづいた。フォン・W氏が沈黙を破って次のように言った。「そうすると、運声法と総譜は、結局のところ、それ自体は不可視だが、物質的事物の現象界にはっきり現れるというような、プラトンのイデアに他ならない、ということになります」

理事が立ち上がって言った。「皆さん、私たちは一つの領域に入り込みましたが、それを徹底的に検討するのは今日は無理でしょう。私はもうおいとましなければなりません。しかし、明日はまた拙宅にて皆さんとお会いしたいと思います。そして、ともに関心のあるこうした問題をさらにつづけて検討し、一つの結論に到達しましょう。その結論もまた、おそらく一つの問題となることでしょうが」

第十四章　第三日

アルントの記録映画　変形菌類における集合の衝動　胚形成の過程　個別のパースンに分化される細胞主体　シュペーマンの《形成体》　総譜は魔術的な呪文ではない　ゲーテのメタモルフォーゼ　神なる自然の奇蹟

こうして、私たちは翌日、大学理事に招待され、館の美しい庭園のテラスで、広いテーブルのまわりの心地よい安楽椅子に腰掛けていた。私たち一人一人の前には、メモをとるための何枚かの白紙と鉛筆が置かれていた。

理事が口火を切って言った。

「私たちは昨日の議論で、あまりにも抽象論に陥ってしまったのではないかと思います。抽象論議に夢中になる人間は、次のような綱渡り師に似ています。その綱渡り師は、ますます細い綱を用いるために、自分の体重を支えることができなくなって綱が切れてしまうという危険にさらされるのです。もちろん、あやうく奈落に落ち込むところだったなどと言うのではありません。しかしやはり、私たちの思想を確実に支えてくれるような、もっと堅実な具体的材料を観察から手に入れることは、望ましいことと思います。

　総譜の認識に至るおぼろげな小道を手探りで探して行けるようにする観察を、アルントは、すでに紹介された彼の映画の中で提供してくれました。きわめて注目すべき事象のうちさしあたって私たちの眼に入ってくるのは、変形菌類の摂食活動は幼形の時期に置かれており、無数の遊走する細胞によってなされるということです。動物的段階から植物的段階へ移行する変形菌類は、はじめは動物であり、のちには植物であるのです。あの映画が私たちに伝えてくれるもっとも重要な認識は、変形菌類の細胞は集合の衝動をもつということのように思われます。そうした認識は、おそらくあらゆる胚形成の根底に置くことができるでしょう」

　ここで私は口をはさんだ。「それはたしかにきわめて重要な推論ですね。というのは、そうした推論は個々の細胞が歩む生命の道筋に新しい光を投げかけるからです。つまり、集合の中では個々の生物の運命は、新しい集合の衝動が起こるとき、それが占める位置に依存しています。アルントの映画で、新たに登場する中心に近い粘液アメーバは支持細胞となり、集合の周辺にいる粘液アメーバだけがいくらか生存のチャンスをもつのです。一般に、あらゆる初期の胚細胞の運命は《位置に従って》決定されています」

　再び理事が話をつづけた。「注目に値する第二の点は、集合の衝動が飛躍的に転換するということです。摂食細胞は突然に一定の目標をもった移動細胞となります。そして、移動細胞は、それが目標を達成すると、内的な指令にもとづいて、隣接細胞と機械的に堅く結合した支持細胞へ転換します」

動物学者がこう尋ねた。「あなたはご存じでしょうか。変形菌類が、遊走する粘液アメーバから、胞子の分散に役立つ機械的に固定された形成物へという、こうした考えられないような大きな飛躍をするのはなぜか、ということについてですが。変形菌類はどうして動物から植物へと身を転じるのでしょうか」

「いや、まったく分かりません」と、理事が答えた。

これに対して動物学者が言った。「ダーウィンによって提出された説明を、少なくとも考慮してよいのではないでしょうか。ダーウィン流に見れば、まずはじめ堅い細胞層が存在していて、そこから多様な構造が形成され、そしてついに最適の構造をもつ細胞が出てきた、と仮定できるのです。後になって、細胞は相互に分離して、いまや遊走する粘液アメーバとしてバクテリア群をうまく攻めることができるようになったのです」

理事はこの説明には同意しなかった。「私たちをたんに間違った方向に向かわせるだけの誤った説明をするのでしたら、説明をしないほうがましではないでしょうか。私たちの目前にあるものは、二つの局面からなる完結した構成体です。それらが偶然の偏りから生じたということを示唆するものは何もありません。構成というものがそのような仕方で成立するのか、私は疑問に思います。無秩序から秩序は生じないのです。半端な秩序から出発するという、まさにあなたが企てた試みは、解明をもたらすよりもむしろ、混乱を招くものでしかないでしょう。仮説に耽るのではなく、むしろ、私たちはアルントの映画を、そこから事実を学ぶために利用したいものです。私はこの場合とくに、秩序のある集合の衝動の出現を考えています。これは、あらゆる種類の胚形成を理解するのに役立つのです。集合の衝動は次のような場合にはつねに問題とすることができます。つまり、多数の主体が共同で同じ企てに関わっているような場合です。そのさいには、何らかの相互の結合によってそうするように強いられているのではなく、どの主体もそれぞれ別個に同じインパルスから行動するのです。このことが、あらゆる胚形成の本質的特徴であるように思われます」

そう言ってから、理事が私のほうを向いた。「恐れ入りますが、こうした見地から、あなたのほうがよくご存じの胚形成の過程をお話ししていただけませんか」

これを受けて私は次のように言った。

「いいですとも。あなたは集合の衝動を紹介することによって、すばらしい中心思想を提供してくださったと思います。集合全体が関わる、桑実胚、胞胚、原腸胚からなる構造形成の段階が終わった後で、器官の芽体と見なされる細胞集団が次第に分離し始めます。ここでもまた、位置が運命を決定するという命題が当てはまります。視覚の芽体の領域に到達するどの細胞も視細胞となり、摂食の芽体の領域に到達するどの細胞も口部細胞となります。このことはシュペーマンの有名な実験によって詳細に実証されました。この実験では、他の動物種の胚細胞さえも同じ運命に出会うのです。

将来の器官の見取り図を担うますます多くの細胞集団が分化されます。器官の芽体をなすこの段階において、どの集団もそれぞれ同じ細胞主体から成り立っています。

ブラウスも、すでに述べたように、この点に関する実証をしてくれました。

ある一定の時点までは、秩序のある集合の衝動が各細胞主体を支配しています。衝動はどの細胞においても同じですが、集合を駆り立てる方向だけは、胚を支配する総譜が規制しています。

器官の芽体をなす段階が最終的に達成されたとしたら、それまでの形態形成の代わりに、真面目な人なら魔法であるとしか呼べないような過程が始まります。つまり、同種の主体の集団からなる個々の集合は解消し、そのときまで共通する集合の衝動に従った細胞主体は、個別のパースンに分化されるのです。このパースンはまず、知覚者と作用者に分けることができます。さらに、知覚者は《見る者》、《聞く者》、《嗅ぐ者》などに分かれますし、作用者は《動く者》、《担う者》、《支える者》、《防ぐ者》などに分かれるのです。

どの細胞が知覚者になり、どの細胞が作用者になるかは、この場合もそれがまさに占めている位置に依存するように思われます。

こうして、形態形成の総譜が、器官の芽体における個々の細胞主体を支配するとき、原形

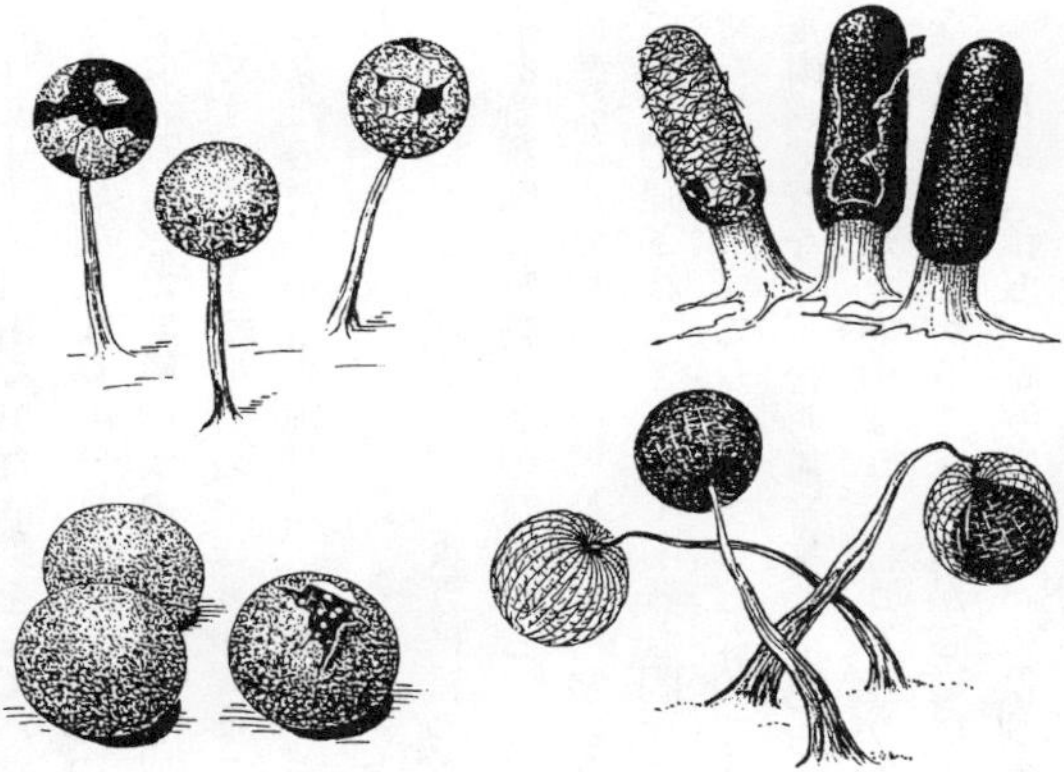

変形菌類の子実体

質の細胞体は組織細胞に変わります。そして、これらの組織細胞は相互の力学的ないし化学的な依存関係にあります。ですから、できあがった器官は完全に新しい創造物として成立するのです。この過程はたしかに魔術的な印象を与えます」

ただちに動物学者が話に割り込んできた。

「あなたの言う魔法や魔術のような言葉はたんに一つの言い回しにすぎません。もしそうでなければ、私はこの議論から身を引くでしょう。なぜなら、魔術的な作用を自然科学の領域へ再び導入することは、科学の破滅を意味するでしょうから。私たちは、暗黒の中世を切り抜けて真理の純粋な光へ進みました。それは、新しい困難が生じると、苦労して手に入れた知識をあっさりと放棄してしまうためではなかったはずです。ところで、私はさらに、アルントの映画が集合の衝動というあなたの仮説を証明するということも疑わずにはおれません。自由な摂食活動をしてバクテリア群を食い尽くす粘液アメーバは、一定の時点からある物質を生産します。そしてこの物質が粘液アメーバにたっぷりと含まれたとき、すでにお話しした形態形成のホルモンと似て、それは粘液アメーバの行動を変える誘因となるのです。このように考えたほうが、はるかに確からしいと思われます。そのように見ると、あなたの言う集合の衝動は、たんに、ある化学物質に対する細胞の反応ということになるでしょう」

これに対して理事は次のように言った。

「ある意味で動物学者の言われることは正しいと認めなければなりません。たしかに魔術の科学はあるでしょうが、しかし科学の魔術はけっしてありえません。私たちは、自然の技術によって課されたきわめて困難な問題に直面しています。この技術を解明することこそ、私たちが共通に努力していることなのです。ところで、私には自然の技術の働きは力学的でも魔術的でもなく、むしろ音楽的であるように思われます。《構造》に対立している《総譜》という概念が、おのずから浮かび上がってきました。というのも、物質に一つの構造を与えうるのは総譜だからです。しかし逆に、構造が総譜を与えることはできないからです。

たしかに私も、粘液アメーバの役割転換はおそらく化学的な物質によって引き起こされることと思います。つまり、胚の発生のときと類似したことが繰り返されるのです。そのさい、形態形成に影響を及ぼす物質の出現も考慮しておかなければなりません。この物質はおそらくシュペーマンの言う《形成体》に対応するのです。しかし、私たちはすでに、このテーマに関する昨日の議論において、形態形成の因果的＝力学的説明はこのような物質を導入したからといってけっして証明されない、ということを確認しました。反対に、そのような物質がなぜ、ドリーシュの言う《ここといま》つまり、出来事全体の中の特定の時間と位置に出現するのかは、力学的に説明することはできないのです。

ここで私たちはむしろ一つの総譜を仮定しなければなりませんし、そしてその点で私は動物学者に異議を唱えざるをえないのです。言い換えれば、その楽譜とは、先に述べたように、そこに記された符号が形態形成を行なう物質によって置き換えられるような、そのような楽譜です。また、これらの物質が形態形成に影響を及ぼしうるのは、細胞が物質を与えられており、同時にその形態形成の命令に応じる能力を与えられるという場合だけであることを、私たちはけっして忘れてはなりません。オーケストラにおいては、楽器もいわば総譜の要求に応じて変わるのです。しかし、こうした総譜は魔術的な呪文ではなくて、交響曲の指揮と同様に、さまざまな楽器の演奏を決定します。胚の中で新しい組織が成立するさいに進展する秩序は、すでに述べられた刺激体の規制された活動過程と結びついています。完成された器官はその中に存在しているすべての組織細胞が調和したものです。

新しく成立するどの器官もたしかに新創造によるものですが、総譜というものを、すでに存在する自然的要因として仮定すると、器官は追創造によるものと言えます。

交響曲においては、モティーフ相互の法則的な関係に気づかないうちに、一つのモティーフが他のモティーフに交替していきますが、それと同じように、生物の発生においても、どんな規則があるか分からないうちに器官が次から次へと現れます。

ゲーテは、植物のメタモルフォーゼにおいて、相次いで生じる諸器官のあいだに何ら関係がないように見えたので、そのことに非常に違和感を覚えました。そのため、他の諸器官がその変異として導き出されるような原葉を、出発点に置こうと試みました。同様に彼はまた、脊椎動物においては、骨格の代わりに脊椎を出発点に用いようと試みました。

ゲーテがそのさいに目ざしたことは、自然の音楽的な技術への洞察を得ることでした。変種が進化するという思想など、彼にはまったく思いもよらぬものでした。

ゲーテの推測については人それぞれの対応が可能でしょうが、いずれにせよ確かなことは、生物の発生のさいの新しい器官の出現は、交響曲における新しいモティーフの出現と同様に謎に満ちたものであるということです。両者において問題となるのは、カスパル・フリードリヒ・ヴォルフのいう意味での《新創造》です。それゆえ、一つのモティーフを他のモティーフから、あるいは、一つの器官を他の器官から導き出すのを可能にする中間段階を求めることには何ら意味がありません。

幼虫とチョウのあいだには、あるいは、オタマジャクシとカエルのあいだには中間物は存在しません。オタマジャクシとカエルのときと同様に、サルとヒトのあいだのミッシング・リンクを求めることにも何ら意味がないでしょう。これら二つの場合において、幼虫とチョウの例と同様に、問題なのは、神なる自然の奇蹟なのです」

第十五章　洞窟の比喩

プラトンの洞窟の比喩―人間の環世界　自然研究の立場　1経験論　2古典物理学　3現代物理学　4植物学　5動物学　6生理学　7生物学　生物のそれぞれの環世界　意味の世界としての環世界　生物を多くの側面から考察すること

大学理事のこの発言の後、私たちはしばらく沈黙したままだった。誰もが、理事の提起した考えに沈潜していた。

この沈黙を破ったのはフォン・W氏であった。彼はもの思いに耽りながらゲーテの言葉を引用したが、それは彼が自分なりの仕方で言い換えたものであった。

「《神なる自然の啓示を受けるより以上のものを、
人間は人生において得ることができようか。
――幼虫はチョウとなって新たに生まれ変わり、

しかもなお、その統一性をかたく保持するという啓示を。》

あなた方がこの箴言をお認めになるとしたら、魔術とそれほど無縁ではないことになります。つまり、自然を究める人がそれぞれ自然に対してどういう立場をとるかということは、論理のレベルでは決められないのです。

しかし、誤解しないでいただきたいのですが、そうは言いましても、どういう立場から自然を研究するのかを明確に定めることが必要です。そのため私は、自然を研究する立場を論理的にではなく、空間的な比喩を用いて説明してみようと思います。つまり、私は、プラトンの有名な洞窟の比喩を用いるのです。この比喩は、人間の自然に対する関係を洞窟という空間の中へ移したものですが、そのような比喩として今日に至るまで唯一役に立つ説明となっています。

プラトンによると、人間は洞窟の中で鎖に繋がれ、身動きすることもできず、壁に向かって座っている、とされます。壁面には、人間の背後の高い位置にある通路を往来して運ばれる事物の影像が現れています。通路の後ろ側は洞窟から外界に向かう入口が開かれています。そこから明るい光が事物に差し込んでくるので、鎖に繋がれた人間の前にある壁面に、事物の影像が映るのです。

プラトンの比喩はここまでです。付け加えますと、鎖に繋がれた人間は色メガネをかけています。この比喩を深く考えてみると、自然を研究する人が自然という世界を観察するときのさまざまな立場を、空間の関係から見ることが可能です。そのさい、洞窟というのは、私たちが人間の環世界と名づけたものの空間的な比喩を表すでしょう。人間は自分の環世界の中に繋ぎとめられています。ちょうどプラトンの洞窟の中でのように。人間はそこでは、感覚器官が特殊な感覚の形で主観的な空間の中へ投影するもののみを知覚することができるのです。

ところで、原像は、混沌とした感覚から人間が知覚する事物を形づくるようなシェーマに対応します。

それゆえ、原像とは、洞窟の外で、人間の背後を往来して運ばれる事物に対応しているのです。というのは、主観的知覚におけるシェーマの形式によって感覚が秩序づけられて事物と出来事が知られるのですが、人間にとって原像とは、まさにそうした事物と出来事の形でのみ現れるからです。

しかし、原像そのものは環世界の枠組みの外部にとどまっています。それは、カントが述べたように、先験的なものです。それ自体はけっして感覚的経験の対象ではなくて、環世界におけるあらゆる感覚的経験をはじめて可能にする前提なのです。

仮に私たちが、こうした仕方で人間の環世界を、それ自体として閉じた洞窟という空間の比喩の中へ移すとしたら、私たちはいまや、この比喩を手引きとして、自然を研究する人のさまざまな立場を確かめてみることができます。もちろん、それ自体として閉じた洞窟と言っても、その洞窟の中へ人間の知覚像のシェーマが外部から差し込んでくるのですが、人間はそのシェーマをたんに洞窟の壁面に映し出されたものにおいてのみ認識できるのです。

１　自分に直接与えられた直観にしがみつくのが経験論者の立場です。彼は客観的に見える空間と客観的に見える時間に向かい合っており、そうした時間・空間の中で客観的に与えられたと見える事物が動き回っています。彼のメガネのレンズによって与えられる事物の色合いを、彼はその事物の客観的な性質だと見なします。

２　同様に、目の前に浮かび出る現象にしがみつくのが批判的経験論者、つまり古典物理学の代表者です。しかし彼は、メガネのレンズがそのレンズによる主観的トーンを事物に与えてしまうことに気づいています。ですから、彼は感覚器官が事物に与えるあらゆる性質を受け入れないのです。それだけになおさら精力的に、彼は壁面に映る影像の実在性を強調するでしょう。

３　壁の前から自分の立場を遠ざける現代物理学の代表者は、環世界という洞窟の内部で、測定機器が彼の感覚の代わりに環世界という舞台の壁面に描き出す現象との関連で、自分自身とそのときどきに採用された自分の立場を考察します。言い換えると、先ほど述べた二つの立場、つまり壁の前に鎖で繋がれた観測者が、何らかの中心をもち、一様な時間のリズムが脈々と流れるように思われる宇宙、見かけ上客観的な宇宙を目の前にするのに対して、現代物理学者は、座標系を任意の位置に設けて、これを観測される宇宙の中心と見なします。

この立場から考察しますと、時間はその普遍的妥当性を失い、空間に依存するものとなります。あらゆる出来事の同時性を保証する不変妥当な世界時間というものはもはやないのであって、たんに、観測する主体から等距離で起こり、この主体が同時に知覚する出来事のみが同時的なのです。したがって、時間は三次元の空間座標系に第四の座標として付け加わり、こうして、世界は空間・時間連続体となります。

洞窟の内部で自由に動き回る現代物理学者は、いまや、感覚器官によって得られた性質をすべて失った事物が、物質的な原子にではなく、観測する主体に依存するどっちつかずのものとなるという経験をします。つまり、事物は、ある場合には最小の物体から成り、別の場合には最速の運動から成ります。ですから、事物は実際に、プラトンの意味での影像であることが暴露されたのです。事物を把握する手段はただ一つ、すなわち、どんな直観も必要としない数学的な公式です。それが現代物理学者の出発点をなしています。

4と5　さて再び、鎖に繋がれた観測者のほうに立ち戻りますと、私たちはそこでかの植物学者と動物学者に出会います。彼らはたしかに知覚世界の客観性に固執しているのですが、自分の目の前にある客体を二つのカテゴリーに区別しています。まず、ある種の事物は、それがどんな構造をもっていようとも、たんなる物質として、それが受けるあらゆる作用に反応します。たとえば、燃焼のさい、薪の山は木造家屋と同じ熱を発生します。そして、最後に残るものも同じ灰の山です。天然物であろうと人工物であろうと、これが生命のない事物のあり方なのです。これに対して、つねに全体として反応し、しかもその構造を維持するのが生物体です。その点で、生物体は特殊な生命エネルギーをもつとされます。このエネルギーは、無機物にあまねくゆきわたった物理エネルギーとは原則的に区別されます。ところが、この特殊エネルギーは解剖学的分析の過程では消えてしまいましたので、それは生物体の構成的な要素のうちに記録されず、観測者の視界から消え失せてしまったのです。

4　ここで、とくに植物学者の議論に目を向けましょう。たとえば、ルーサー・バーバンクは、植物においては、その特殊な構造と生育環境のあいだで支配的な相互関係があることに気づいています。こうした相互関係こそ植物の特殊な生命エネルギーを表現するものなのです。

どの植物も、たとえそれがどんな形態をもち、どんな性質をもっていようとも、それにぴったり適合した生育環境に取り囲まれております。そして、植物はこの生育環境とたえず相互に関係しているのです。

植物は、あらゆる方面に変化する能力をもっているので、その生育環境に能動的に影響し、またそれによって影響を受けることができます。

植物は、ウチワサボテンのように、その生育環境に侵入する敵から身を守るためにとげを出すことができますが、その生育環境から敵が排除されると、またとげを除くこともできるのです。

植物に作用をもたらそうとする植物学者には、そのための多くの機会があります。穀物栽培の例のように、種子の配置を自分で決めることができますし、風や昆虫による受粉の代わりに人工授粉を用いることができるのです。また、種子からの栽培のさいに現れる変異は、接ぎ木によって除去することもできます。結局のところ植物学者は、栽培地の違いによって生育環境の物理的条件を変え、こうして、植物を一定の方向に変化させることが可能なのです。

人間は、これらのあらゆる場合に、生育環境の一員として、特殊エネルギーを担った植物に向かい合っています。

5　動物学者も同じ立場をとることができます。彼は、動物の生息場所の問題に目を向け、家畜の飼育のさいに大きな役割を演じる《生態学》を応用します。たとえば、人工交配によってさまざまな品種が生み出されました。これに対して、生息場所の変化による長期間の効果は現れにくいものです。もちろん、小型のウマの品種や今日では絶滅した小型のゾウがかつて出現したこともありますが。

6　さて、私たちは、器官と組織の力学的関連から人間と動物を理解するために、両者の身体的事象を研究する生理学者に目を向けましょう。彼もまた観察者として、壁の前で鎖に繋がれたままで、因果法則のもとにある客体の研究をしています。生理学者のお気に入りの対象はカエルの筋肉です。彼はこれを、伸縮自在のひものように扱って、その物理＝化学的性質をおびただしい実験によってこれまで研究してきましたし、引きつづき研究すると思われます。

7　生理学者と対立するのは、個々の筋肉繊維そのものを生物として評価し、その《特殊エネルギー》が何かを尋ねる生物学者です。そのさい彼は、筋肉を外部から見る立場を離れて、筋肉は、彼が加えるきわめてさまざまな干渉を、つねに同じ刺激のように扱って反応する、ということを理解しようとしています。つまり、筋肉の中に、つねにその独自性にふさわしい仕方でのみ反応することができる主体「パースン」というものを認めるのです。

そういうわけで、生物学者は、筋肉繊維を根源的作用パースンとして扱い、その反応に従い、それを短縮パースンあるいは遮断パースンと名づけるのです。そうした根源的パースンから運動器官が構成されるのに対して、感覚器官は根源的知覚パースンにもとづいています。作用パースンは作用器官の構成において、生物学的な計画に従って編成されています。これに対して、その特殊な質を外部へ移し入れる知覚パースンはパラ生物学的な計画に従っているのです。

ところで、はるかに重要なことは、生物全体の環世界に対する生物学者の関係です。そこでも彼は、動物に対してけっしてその外側から人間として対立するのではなく、問題となる動物の環世界のただ中に入り込んでいます。たしかに、イヌは人間という舞台の上では人間《ヒト》的なものですが、人間もイヌの環世界の中ではイヌ的なものなのです。カは人間を栄養源としてただちにカの世界の中へ取り入れます。というのは、人間の皮膚とカの針が相互に一致するように作られているからです。それは明らかです。しかし、いかなる場合にも、動物は人間を人間として認識することはありません。そうした人間のような存在は動物の環世界の中にはまったくないのです。

先ほど述べたように、自然を研究する人間は、その環世界の感覚像として利用するプラトンの洞窟に対して、さまざまな立場をとることができます。これらのさまざまな立場の可能性を概観してみると、次のような結論に達するのです。

まず第一に、経験論者や古典物理学者、植物学者、動物学者それに生理学者は、壁の前で鎖に繋がれて、彼らの感覚の現象界が影像を模写するという立場に固執します。

第二の立場をとるのが現代物理学者です。彼は、現象界の前で自分を繋ぎとめておく鎖を断ち切りました。いまや、洞窟の中で自由に動き回ることができます。そこで彼は、一方では観測の立場と、他方では測定機器のフィルターを通してみた彼の感覚のさまざまな現象の像とのあいだの相互作用を見通すことができるのです。

これに対して、第三の立場をとるのが生物学者です。彼もまた、人間に固有の現象界という欺瞞的な客観性の前に繋ぎとめておく鎖を断ち切りました。

しかし、生物学者は、現代物理学者の立場――洞窟の中で自由に動き回り、現象界のさまざまな像をそのつど新たな立場から見定めて測定するという――そういう立場だけに安んじてはいません。そうではなくて、生物学者はあえて、自分の環世界という洞窟から外へ抜け出ることを企てたのです。といっても、彼は、洞窟の中で鎖に繋がれた人間の前に現象界という影像として浮かび上がるような、さまざまな原像を見てとるだけではありません。彼はただちに、原像がまったく別な仕方で反映されているような、他の生物の環世界というさまざまな洞窟があることに気づくのです。

異なる環世界において、原像がいかなる法則に従って描き出されるかを確認するために、生物学者は、異なる生物をいわばメガネとして利用し、その知覚器官を通じて眺めようとしなければなりません。

当然のことですが、彼は、人間の現象界の壁面にも原像を影像として投影させることができます。しかし、動物の知覚器官を通じて反映されている像と、人間の知覚器官の像は異なっているのですから、彼は、人間と動物のそれぞれの環世界を厳密に区別してみることができるのです。また、それぞれにおいて原像の反映を支配する法則を認識することも可能です。

ですから、生物学者の立場は、現代物理学者のそれのように固定したものではありません。そうではなくて、たえず起こる立場の転換を通じてのみ、生物学者は彼の経験を手に入れるのです。

古典物理学者あるいは植物学者や動物学者が一方で占めている立場、または他方で生物学者が求めている立場など、さまざまな立場をとる可能性は、医者の場合にも見出されます。ある医者はおもに客観的な診断結果に関心をもつのですが、別の医者は患者の世話そのものに意を払うのです。

同様に、客観的な事件の解明に力を注ぐ弁護士もいれば、他方で、訴訟依頼人の利益のために尽くす弁護士もいます。

画家の洞窟に対する関係もまた興味深いものです。一見すると、彼が壁面に現れる事物を空間と光に対する正確な関係で描き出そうとする場合、彼もまた壁の前で鎖に繋がれたままであるかのように思われます。しかし実際には、彼の課題は、現象の背後にある原像を明るみに出すことにあるのです。もしここにおられる私たちの友人の絵のことを考えてみるなら、私たちは絵の中の事物の背後に、その事物の神秘さを感じとっているのです。たとえば、画家の描いた教会の装飾から、そこはかとない敬虔さが私たちに迫ってきます。玉座の間《ま》から畏敬の念が起こってきます。そして、波間からは、大自然にひそむ始源の美が光り輝いています。部屋の半開きの扉によって引き起こされる印象もまた独特なものです。そこから、きたるべき出来事の予感が私たちに押し寄せてくるのです。

このことは、画家もまた、壁の前の立場を離れて、原像に対する事物の関係を注視する、ということを示すものです」

長広舌をふるったフォン・W氏は画家のほうを向いてこう言った。「驚かないで下さい。こうした本質に根ざしたあり方が、あなたの絵に高い芸術的な価値を与えるのです」

しばらく間を置いた後、大学理事が話を始めた。「私の子供のころ、年の市には見せ物小屋があって、その小屋の中の四方の壁の周りには覗き穴がついていました。これらの覗き穴はどれも、覗く人にそれぞれ違った絵を見せてくれました。たいていは風景画でしたが、歴史的な出来事ももちろん、ハンブルクの大火災のものもありました」

理事はフォン・W氏に向かって次のように言った。

「ところで、あなたは、まるで覗き穴のようにさまざまな人々を通じて、私たちにいつも新しい世界像をかいま見せてくださいました。

こうした能力は、カントの『純粋理性批判』に関するあなたのご研究によるものです。そこから、人間的経験の可能性に関する知識を汲み取られました。カントの教えによれば、空間と時間は人間的経験の必然的形式です。それらはあなたの世界像の枠組みともなっています。世界像の中にある客体を構成するための材料は、人間のさまざまな感覚です。それらは、シェーマによって接合されて、多様な形態の、色と音と匂いをもつ事物になります。それら思考のカテゴリー、とくに因果性のカテゴリーは、環世界の中に現れるさまざまな事象を統一します。

生物学の研究から私たちは、環世界のあらゆる事物を含むこの世界は、私たち自身の網膜を外部へ移し入れた像に他ならない、ということを知っています。ですから、使徒パウロが《私たちは、いまは、鏡に映して見るようにおぼろげに見ている》〔『新約聖書』「コリント人への第一の手紙」第十三章第十二節〕と教えるとき、それはまったくこの事実に対応しているのです。ことによると、彼の言葉の次の部分もいつかは実現されるでしょう。《しかしその時〔全きものがくる時〕には、顔と顔とを合わせて、見るであろう。》〔同上〕この言葉は、いわば、あなたが出発点としたプラトンの洞窟の比喩を拡張したものです。

誰もが覗き込む世界舞台、つまり彼の環世界は、意味の世界とも呼ぶことができます。というのは、生物がその世界において見出すあらゆる事物は、この生物にとって一定の意味をもつからです。動物界の詳細な研究によって、ここでも《意味の世界》という呼び名が適切であることが分かりました。ある動物の世界において区別されうる事物が少なければ少ないほど、その動物にとっての、それらの意味はいっそう明らかになってきます。

仮にある動物の環世界には、たんに一つの敵、一つの餌および一つの交尾相手しか存在しないとしたら、これらのそれぞれはつねに、形、色、音あるいは匂いによって、動物の感覚器官と運動器官に正確に適応しているのです。

たとえば、ガはその敵であるコウモリが作り出すただ一つの音を聞き分けますし、また、オオクジャクサンの雌から出るただ一つの匂いが雄の嗅覚器官に正確に適合しています。

疑いもなく、意味のパートナーはいずれも、意味の担い手も意味の受け手も、共通の起源をもつに違いありません。たしかに、ハエとクモの巣は同じ総譜に属しています。このことは、マルハナバチとキンギョソウの花にも当てはまるのです。

意味の世界にとって重要でない事物はただちに排除されます。つまり、それは注意されないか、《障害物》という意味が与えられるのです。

イタヤガイは、眼点が百個もありますが、形も色も知覚しません。と言いますのは、その単純な神経系は眼点から眼点への運動を区別するだけだからです。しかしそれでも、イタヤガイにその不倶戴天の敵であるヒトデの接近を知らせるには十分なのです」

理事は話を中断してこう言った。「皆さんは、おそらく驚かれるかもしれません。いま私は、すっかり生物学者の領分に立ち入ってしまい、皆さんに生物学者の意味論の論拠を提起したわけです。しかしこれは、とくに重要だと思われる関連した質問をするためなのです。つまり、私は、意味の担い手の出現によって生物にいかなる事象が引き起こされるのか、動物学者にお尋ねしたいのです。

ここで重要なのは反射であるというふうには、どうかおっしゃらないでください。反射というのは、物理＝化学的な刺激の結果が問われる場合にのみ問題となるのです。ところが私は、一定の意味を表すような刺激の結果を尋ねているのです」

動物学者は次のように答えた。「いいですよ。もしあなたがそのようにお望みであればね。お尋ねの件については、たとえば、食物の刺激が摂食衝動を引き起こすように、刺激の意味に対応した形で、動物主体の中に一定の衝動が覚醒される、と私は考えています」

理事は微笑みながらこう言った。「まさにそのようにお答えになると思っていました。しかし、それは間違っているか、あるいは少なくとも不十分です。意味の担い手の出現は、つねに、ビルツの言うような《生の場面》を引き起こすからです。その主張の論拠は生物学者に委ねたいと思います。あなたがよくご存じのウニの例を取り上げてください。ウニの天敵である、ねばねばした吸盤脚をもったヒトデが、短いとげのあるウニに接近するとしたら、どうなるでしょうか」

私は最初、理事の思いもよらぬ質問にとまどったが、事実に即して彼に答えた。「ヒトデの吸盤脚が接近すると、ウニのとげが離れ離れになり、そこに毒叉棘が飛び出て、ヒトデの吸盤脚の皮膚にかみつきます。このためヒトデは退散します」

理事はそれに対して言った。「分かりました。ところで、長いとげをもつ熱帯産のウニの近くで泳ぎ回っている珊瑚礁に棲む小魚、ヒカリイシモチたちに肉食魚が接近すると、どうなりますか」

私はこう答えた。「ヒカリイシモチたちは、ウニの装飾を際だたせる青く輝いた斑点に誘われて、ウニのところに逃げ込みます。ウニは、その視界が暗くなるとどんなときでもとげを閉じてしまうので、ヒカリイシモチたちは、毒を含んだ尖端をもつ槍の囲いで安全に保護されるのです」

理事は私にうなずいてこう言った。「みごとなものですね。これは明らかに、意味の担い手の出現によって引き起こされる生の二つの場面ではないでしょうか。ところで、ヤドカリ（ヨッスジヤドカリ）についてはどうですか。ヤドカリは、タコやイカを寄せつけないように刺胞発射装置を用いるヤドカリイソギンチャクをその渦巻き状の殻の上に乗せていますが、古い殻が狭くなりすぎたので宿を替えるとき、どのように振舞うのでしょうか」

私は、空の殻に出くわしたときのヤドカリの注目すべき振舞いを説明してみた。つまり、ヤドカリは最初、殻の尖端まで行き、その足で殻の大きさを測りながら囲み、その後、殻の内部を調べ、できるだけ早くその巻きつけ尾部を新しい殻の中へ収めるために、そのはさみであらゆる不純物を取り除く、ということだ。私はこう付け加えた。「しかし、けっしてこれがすべてではありません。ブロックの研究によって、私たちは、ヤドカリがどんなに注意深くヤドカリイソギンチャクを叩くかを知っています。

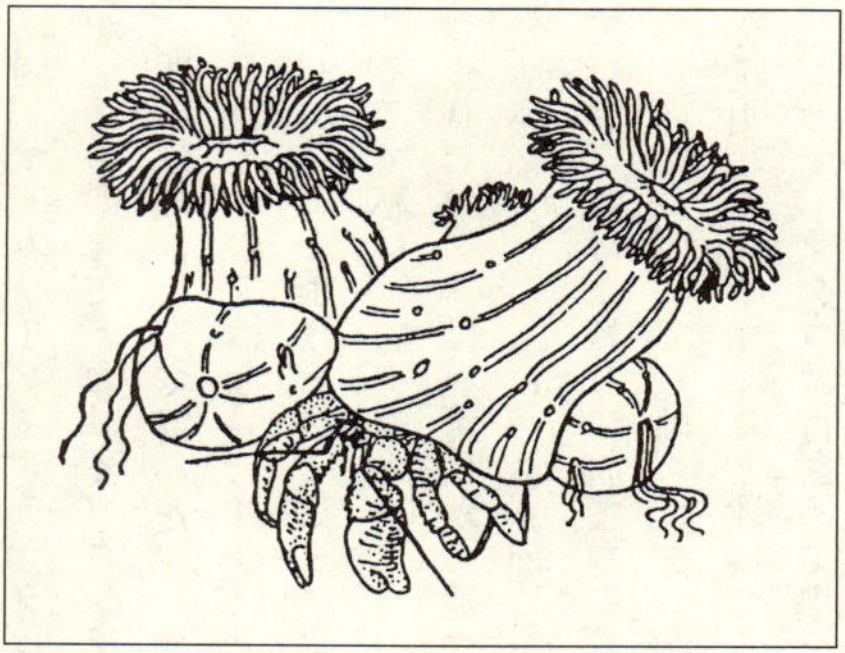
ヤドカリとヤドカリイソギンチャク

結局、ヤドカリイソギンチャクは屈服し、ヤドカリによってその新しい殻の上へ移されますが、その殻をヤドカリイソギンチャクは根城にすることになるのです」

理事は大きな声で言った。「このケースでは二つの場面からなる小さなドラマが演じられると言えるのではないですか。どうか、そのような生の場面の説明をつづけてください。具体例が数多く挙げられることによってのみ、私の主張は説得力をもつのですから」

そこで私は、マダコがウミザリガニを打ち負かすためにどんなことをするかを説明した。つまり、マダコは、背後から近づきながら、ウミザリガニのはさみに二つの腕をかけてそれを動かないようにし、吸盤脚を用いてウミザリガニをしっかりとつかむのである。こうして、マダコは、残りの腕でウミザリガニをずたずたに切り裂いてしまうのだ。

さらにつづけて私は、マダコが電気魚のマダラシビレエイを捕らえようとして失敗した例を説明した。マダコは青ざめて墨を吐き出し退却したのである。私はまた、すでに映画にも撮られているマングースとガラガラヘビのあいだの闘争を指摘した。闘争している両者の頭は同時に、そして等間隔に、あちこち動き、ついにマングースがガラガラヘビにかみつくのだ。私は、トリクイグモとムカデのあいだの闘争に関する経験についても説明した。この闘いでは、高度に発達した神経系をもつクモが、目標をもたない反射運動のムカデに勝利するのだ。最後に私は、前に話題になった、ダックスフントとハクチョウのあいだの、また、眠っているライオンとゲラダヒヒのあいだの闘いに注意を促した。それから私は、鳥における多様な婚姻の儀式に話題を移した。鳥の場合、雄の豪華な羽はたんに雌の獲得のためだけでなく、競争相手への防衛にも役に立つ。

私は次のように説明した。

「目立たない色の雌たちがぴったりと押し寄せて見物している前で、華麗な色彩の雄たちがペアで向かい合って闘争するという、延々とつづく競技を目撃した人は、そこから深い印象を得たことでしょう。

さらに印象的な例は、これも私が前に述べたことですが、若いホシムクドリが想像上のハエを捕らえたという、ローレンツが行なった観察です。

奇妙なことですが、ローレンツは——彼はけっして機械論者ではありませんけれども——、あたかもホシムクドリの中に機械を見てとったかのように、そうした行動を機械の空転になぞらえています。たしかに、こうした機械の比喩は私たちの誰にもたいへん理解しやすいものです。しかし、この例では、その役割がまさにうってつけなので、相手がいなくとも生の場面を最後まで演じることができるような、そういった役者にたとえるほうがはるかに適切だと思います。

つまり、この例が示しているのは、生の場面を構成している役割は、あらゆる行動を規定する自然的要因であるということです。この役割のもつ強制力は非常に強いので、生の場面が予定よりも前に中断した場合でも、つねに、最後まで演じきるために、中断した場面を再び始めることができるのです。

たとえば、アムステルダム動物園で飼育されていた若い雄のサンカノゴイは、雌がいないので、動物園の園長のまわりを、求愛ダンスをして回り始めました。この園長は、その場面が予定どおりに進むように、求愛行動をする雄に対してふさわしい雌を世話してやりましたが、実際、それがきっかけとなって、雄は家族をつくるのに成功したのです。すべては順調にはかどり、園長がもう一度姿を見せたとき、雌は卵を抱いて雛を孵しているところでした。ところが、サンカノゴイの雄はすぐさま雌を巣から追い払い、何度もお辞儀をして園長を呼び寄せ、卵の上に座らせようとしました。つまり、園長が姿を見せなかったあいだにも、この園長はサンカノゴイの雌としての意味を失ってはいなかったのです。

生の場面がどれほど広い範囲にわたるかということについては、すでにしばしば話題になったレアの振舞いにも、その証拠が見出されます」

すると理事はこう言った。

「生物学者の明快な説明に感謝いたします。おそらく誰もが、意味的出来事の出現においては、たんに関連のない衝動が解発されるのではなくて、生の場面と呼ばれる行動の網の目が結びつけられるのだ、ということを確信したことと思います。

生の場面は個々の環世界の枠を超えて広がっています。この環世界は、むしろ《意味の世界》、すなわち、生物という覗きからくりによって、私たちの誰もが鎖に繋がれている、あの洞窟の壁面へ描き出される《意味の世界》と言ったほうがよいでしょう。

私はここで、たとえ誰かがパヴロフの実験を指摘したとしても、当惑することはありません。その実験では《条件反射》が行動に影響を与えますが、条件反射そのものは行動から出てきたものですから」

ここで私は口をはさんだ。

「新しい意味信号が出現するのは、明らかにきわめて一般的な現象です。鐘を鳴らすのと同時に肉片を与えていたモグラを、たんなる鐘の音だけで地中から誘い出すことに成功したのは、クリサートです。

こうした意味信号は、けっしてたんに誘因的なものであるとはかぎりません。それは威嚇的にも作用することができるのです。私は、カニ類を餌としていた二匹のジャコウダコに、数日間の空腹の後、幾匹かのヤドカリを餌として出しました。ヤドカリの背には、しっかりとヤドカリイソギンチャクがくっついていたのです。しかし、カニと同じその匂いは、ジャコウダコにとって通常の餌を示す信号でした。さて、ヤドカリに襲いかかったジャコウダコは、イソギンチャクの刺胞発射装置でひどいダメージを負いましたので、そのときからジャコウダコは二度と餌を食べようとせず、あげくの果てに飢え死にしてしまったのです。

これは、食物を示す意味信号が敵の信号に転換したので、食物の摂取という生の場面の開始が妨げられたということです」

さて、理事が再び話をつづけた。

「もう十分深くさまざまな事実に立ち入ったと思いますので、それらを概観してみてもいいでしょう。次のことが明らかになりました。つまり、多面的で豊富な事実をただ一つの観点から説明することは不可能であって、それぞれの生物に関する具体的なイメージを得るためには、生物を多くの側面から考察することが必要だということです。

第一に、動物は、そのまわりに広がっている環境の中へ組み込まれた客体として、考察されねばなりません。

第二に、動物は、その意味の世界の中心をなす主体として考察されるのです。意味の世界あるいは環世界は、まずはじめに、感覚器官によって知覚標識を与えられたあらゆる事物が見出されるような、知覚世界を含んでいます。この知覚世界のみが動物にとって意味をもつのです。次に、知覚世界には動物の作用世界が結びついていますが、その作用世界の中には、動物の実行器によって作用標識が印されている事物が見出されます。

第三に、動物は、生の場面をそのときどきに演じる役割の担い手と見なすことができます。そして、その生の場面は、つねに繰り返される生のドラマの一部なのです。動物の演じる役割は、動物を生まれつき定まった生活にさせておく要因であり、動物はその全生涯を通じて、そうした役割のもとに服しています。たとえば、ミツバチの社会を考えてみると、こうした見方が正しいということがすぐに分かるでしょう。つまり、ミツバチの社会では、あるミツバチは女王の役割を担うのに対して、他のミツバチは雄バチか働きバチのいずれかであるのです。言い換えると、どのミツバチにも、免れることのできない役割というものが割り当てられているのです。それと同じように、自然の全生物社会においても役割というものが割り当てられています。ですから、どの生物にもそれに特徴的な身体的形態が印されますし、その身体的形態によって、生物が生命活動において知覚し作用することもはじめて可能になるのです。

生物に割り当てられたどの役割も固定したものですが、少しは変動する余地があります。しかし、そうした若干の変動の余地を除いて、役割は、融通の利かない閉じた自然法則のように生物に割り当てられるのです。役割は、それぞれ完全に異なった環世界において演じられるような、きわめて多様な生の場面を通じて動物の案内役をします。たとえば、カエルの役割がオタマジャクシの世界において、またチョウの役割が幼虫の世界において、それぞれ始まるようにです。

自然が生物に割り当てることのできる役割のストックは、植物の場合も含めるとしたら、途方もなく夥しい数に上ります。しかし、どの生物の役割も相対的に短い期間しかつづかないので、つねに他の生物によって新たに受け継がれ、演じられねばならないのです。役割演技がつねに新たに開始されることによって、春はたいへん魅力的なものとなります。この春において、太古からの役割がつねに新たに甦るのです。どの役割も、それがどんなに多くの生の場面を経過するとしても、一つの完結した統一をなしています。ですから、因果法則に従って相次いで作用するような、物質的に分離した機械の諸部分に分解することはないのです。役割というのは、一冊の本が各章に区分されるように、さまざまな部分に区分されるのですが、それらの部分が力学的な作用を相互にもたらすことにはなりません。パヴロフの言う条件反射を引き起こす鐘の音が、その物理的性質によって、運動を解発する刺激として働くということはけっしてありません。それは、もっぱら新たな《渡し台詞》として役割の中へ嵌め込まれるような、意味信号として働くのです。

生ける自然の技巧は、何らかの役割を確固とした単位として行なわれます。しかし役割は、空間的かつ時間的な広がりをもつものですが、けっして物質的なレベルのものではありません。それはプラトンのイデアに似ています。このイデアというのは、自然の基礎となっている精神的なネットワークなのです。いずれにしても、つねに新たな役割によって繋ぎ合わされる生の場面のネットワークは、個々の主体が占める世界の境界をはるかに超えたものです」

第十六章　プラトンのイデア

クラーゲス、ヘルムホルツ、プラトン　事物の意味としてのイデア　生命の四つの根本的なイデア　一連の音声へ意味を移し入れる事例　人間の言語形成の可能性　ナイチンゲールの歌　人間のもつ論理能力の課題　カイザーリング伯とローレンツ　《全体に代わる部分》（ビルツ）

画家が動物学者に尋ねた。「あなたのほうでも、プラトンによって描かれた事象を、つまり、洞窟の壁に面して鎖に繋がれた私たちの感覚の背後で現実的な出来事として起こっている事象を、あなたの立場で説明してみることもできるのではないでしょうか」

動物学者は次のように答えた。

「おっしゃるとおりです。クラーゲスによると、私たちはこの場合、自然の中心にある物的性質の出来事を考慮しなければならないのです。こうした出来事は、あらゆる主体の現象界においてそれぞれ別の形と色で反映されます。彼によると、自然はもっぱら現実の中心から

プラトン
(前427?-前347?)

理解されねばなりません。プラトンの洞窟の比喩との関連で言うと、私たちの背後を通って運ばれ、そして、その多彩な影像が個々の主体の現象界において現れるのは、まさに根源的な物なのです。

このことはおおよそヘルムホルツの学説に対応しています。ただし、彼は現実の中心にある出来事として《原エネルギー》をもった《原物質》を置く、という点で違います。ちなみに、現実の中心にある出来事のたんに信号のみが、私たちの仮象の世界に現れるのですが、その信号のみが私たちの感覚を通じて知られるのです。ご存じのように、私はこの見解に賛成です。プラトンの言い方にならえば、私たちの感覚の背後を通過して運ばれる原物質の存在を探り出すことが、まさに自然科学の課題であると思われます。ヘルムホルツはこの原物質の一例として辰砂を挙げました。それは他のあらゆる物質に一定の作用を及ぼす原物質なのです。しかし、それは私たちにはたんにまったく別々の感覚において、つまり眼で見ると《赤い》という感覚で、触れると《固い》という感覚でしか知られません。ですから、これらの別々の感覚から辰砂の存在を知ることは不可能であると言えます」

理事は次のように言った。

「ここで確認できることは、クラーゲスもヘルムホルツもプラトンも、自然における事物の本質的な諸性質の根底にある共通の生命中心を見出すために、現実の《基＝部》に遡っているということです。ただし、この基＝部は、クラーゲスにとっては物的なもの、ヘルムホルツにとっては物質的なもの、それをイデアと名づけるプラトンにとっては精神的なものなのです。

皆さんに思い出していただきたいのですが、事物の意味を《判断》(Urteil)であると見なしたとき、私たちはすでにこの《基＝部》(Ur-Teil)という概念を見出していました。

その点から言えば、プラトンが自然を構成するさいに用いたイデアによって何を理解していたか、ということは容易に理解できます。すなわち、私たちがプラトン的な感覚の洞窟の中で鎖に繋がれているかぎり、目の前の事物は多彩な影像に見えますが、イデアというのはそうした事物の意味に他ならないのです。

事物の意味は、その事物が生のドラマにおいて演じる役割にとって決定的です。

事物が変化するのに対して、その意味は自然において固定したものです。どの生物も食物が必要ですが、さまざまな生物に食物として役立つ事物はきわめて異なっています。同じことが、敵、性のパートナーと媒質という三つの意味にとっても当てはまります。その点で、生のドラマの進行に関する統一的な規則が求められる場合、四つの根源的な意味をもった四つの機能環から出発することが可能なのです。

意味というのは、自然におけるすべての生命にとって構成要素をなすものです。ところで、生のドラマにおける生物の役割を認識できるためには、あらゆる生物において立てられねばならないような、つねに同じ根本的な問いが四つあります。

第一に、その媒質は何か、第二に、その食物は何か、第三に、その敵は何か、第四に、その性のパートナーは何か、の四つです。

プラトンの語り口を用いると、これらがまさに、生命の四つの根本的なイデアなのです。これらのイデアは、さまざまな生物の環世界において、それぞれ別な性質のもとに現れます。それらの性質は、それぞれの生物主体の感覚器官と行動器官に対応し、しかも、無機的な事物あるいは生物という統一を形づくっているのです。

媒質のイデアが具体化されるのは、水であったり、空気であったり、地面であったりですが、しかしまた、雨や雪、日の光であったりもします。

敵のイデアが示されるのは、寄生虫や食肉獣に対してです。

食物（または獲物）のイデアが具体化されるのは、動物であったり、植物であったり、土壌中の塩分であったりということになります。

性のパートナーのイデアは、それぞれの環世界の主体と密接に関係しているような、相手の身体と結びついています。

私たち人間が生のドラマを演じつづけるとき、これらの、四つの根本的なイデアは、適切に具体化したうえで、プラトン的な洞窟を通り抜けて運ばれなければならないのです」

ここでフォン・W氏が口をはさんだ。

「法外に比喩をこじつけるべきではないでしょう。たとえそれがプラトンによるものであってもです。イデアが私の背後を通って運ばれるというのは、私にはそれをどう考えたらよいのかよく分かりません。これに対して、イデアが私の想像力《ファンタジー》に影響を及ぼすのだと主張されるのであれば、まったくそのとおりと言えるのです」

この主張の根拠を求めるためには、想像力が精神生活において果たす役割を明らかにしなければなりません。そのためには、すでに述べたように、アリストテレスにならって、精神生活というものを、《感覚能力《アイステティコン》》、《想像能力《ファンタスティコン》》それに《論理能力《ロギスティコン》》という三つの心的器官の活動によるものと考えてみたいと思います。

先に確認したことですが、感覚能力には外的刺激を感覚に変えるという課題があります。この能力において、耳に当たる空気の波は音に、眼に当たるエーテル波は色に、皮膚に当たる刺激は触覚と温覚に、また、口腔の刺激は味覚に、それぞれ変えられます。

感覚はすべて外界へ、つまり皮膚の近辺か、さらに外の空間へ移し入れられます。ただし、痛覚だけは私たちの身体を離れないのですが。

以上に見た感覚が、感覚能力から想像能力へ引き渡される素材なのです。ところで、想像能力の課題は、この素材に意味を与えることによって、それを一連のまとまりとすることにあります。

たんなる発声の場合は、それがどんな音から成り立っていても、他人の注意を引き起こすという意味をもっています。これに対して、助けを求める声や警戒声は聴き手によく知られた一連の音声になっていなければならないのです。このことは、動物においても同じであると思われるのですが、いかがでしょうか」こう言って、フォン・W氏は私のほうを向いた。

私は次のように答えた。

「それについては、アレクサンダー・カイザーリング伯が興味深い実験を行ないました。その例では、人間に飼育されるキジは餌が十分に与えられるため、猛禽が現れても、自分の雛に警戒声を発するのを忘れるので、そのようなキジの母親に雛を育てさせることはできない、ということはすでに知られていました。

そこで彼は、キジの雛をニワトリによって誘い出してみようと試みました。ニワトリも警戒声を発しますし、その警戒声を聞くと、ひよこは母親のほうに走って行くからです。しかし、キジの雛はそうではなかったのです。ニワトリの警戒声はキジにとっては何の意味もありません。キジはニワトリの言葉が分からないのです。ところが、奇妙なことに、キジはシチメンチョウの警戒声には従います。ですから、キジはシチメンチョウに育てさせるのです。

ところで、人間の言葉に翻訳すると《敵が見えたぞ！》となる小鳥の警戒声があるからといって、小鳥が言葉をもっていると決めつけてはならないでしょう。おそらく多くの動物は、いろいろの事物に関してそれがとる一定の行動を定まった一連の音声に結びつける、と言うことができるのです。

たとえば、ザリスは一匹のイヌを、《いす》という言葉で椅子の上に座らせ、《かご》という言葉で籠の中に入るように訓練していました。それから、椅子と籠を取り除いて、その代わりに空っぽの箱を置いておくと、イヌは《いす》という命令の言葉で箱の上に座り、《かご》という命令の言葉で箱の中へ入って行ったのです。

パヴロフの実験を通じて、私たちは、音声の恣意的な連なりが餌づけと結びつけられるとき、それは《食物》という意味をもつことができる、ということを知りました。フォン・フリッシュは、ベル信号によって魚を呼び寄せ餌づけできることを明らかにしましたし、また、クリサートは、すでに述べたように、モグラをこのような方法で巣穴から誘い出すことに成功しました。

そのときまでは意味のなかった一連の音声に意味を移し入れるといった事例は、人間においては、非常にしばしば見られます」

私の発言の後に、またフォン・W氏は説明をつづけた。

「たしかに、人間の言語形成の可能性はそのことにもとづいています。ある人間集団が同じ事物に同じ音声の連なりを割り当てることによって、言葉による意思疎通の手段が創り出されるのです。どの言葉も、何らかの音声信号と一定の意味とが一つに結びついたものです。この音声信号は、文字記号によって代理されると、文字言語となります。文字記号は空間と結びついており、物質的な形をとっています。そのようなものとして、それは相互に機械的に作用するのです。そのことは、タイプライターの字母を考えてみれば、とくにはっきりします。

にもかかわらず、私たちは言葉を、私たちの知らない言語であっても、機械的な相互作用を本質とする事物のようには扱わないのです。言葉は、物体的にではなく精神的に統合する意味と結びついています。

生きた主体によって作り出された一連の音声はどれも、その主体自身を伝達するのに役立ちます。言葉をもたない一連の音声、つまり《歌》は歌い手の内的気分に関係しており、その内的気分によって意味をもつことになります。このことは、先に話題になったナイチンゲールの雄の歌に耳を傾けていたとき、とくにはっきりと印象に残ったことなのです。その歌は他のナイチンゲールに対して、ここには彼の巣の断固とした擁護者がいるということを告げるものであり、同時に、雌に対して、彼女が彼の保護のもとにあるという保証を与えるものでした。

実際には、こうした保護は、強大な敵にとりまかれた世界では何と頼りないものでしょうか。

ともあれ、何万年も前に遡って考えてみると、高度に発達した言語をもったどんなに多くの民族がこれまで跡形もなく滅んでしまったことか。これらの民族のすばらしい建築物はもはやほとんど残っていないのです。そうした人間の場合のあらゆる破滅とは関わりなく、今も昔もナイチンゲールのか細い息のような歌が響きつづけています。

ところで、天文学者たちは、永劫に変わらない星のきらめく天空を指差しながら、地上の人間生活の無意味さを私たちに教えるのがつねです。しかし、こうした比較は適切ではないのです。たしかに星空が物理エネルギーの戯れる死んだ球と見られるかぎり、この戯れがいつか終わってしまう理由はどこにもありません。そこでは機械的エネルギーのみが問題になっており、原因と結果の法則が唯一妥当なものとして、あらゆる変化を支配しているからです。ところが、ナイチンゲールの歌においては、事情はまったく違っているのです。その歌の響きは、音響像といういわば真珠のネックレスが時間とともに繰り広げられたものと同じです。響きをひとまとめにしておくものはネックレスの糸の機械的結合ではなくて、もっぱら歌全体の意味なのです。この歌はつねに繰り返されるドラマから出てくるような、永遠に繰り返されるアリアです。それははっきりと、生命を支配するのは物質的法則ではなく、逆に物質を司るのが生命の法則だ、ということを示しています。もっとも、私たちから見れば、こうした歌は恣意的な響きの連続であり、人間の心的な気分に対応していません。したがって、私たちは、たとえナイチンゲールの心的な気分の意味は認識するとしても、その気分そのものを感じることはできないのです」

理事はこう言った。

「東アジアの諸民族の歌を聴く場合にも、ナイチンゲールの場合と同じような事情だと思います。たとえば、日本の歌を聴いても、私は何の気分も引き起こされませんでしたし、せいぜい不快感があったぐらいでした。それというのも、歌い手と同じ気分になろうとする私の想像力の努力は徒労に終わったからです。何と言っても、音楽を理解するためには、聴き手と歌い手のそれぞれの想像力のあいだの一致が必要なのです。ところで、動物と人間のあいだでは大きく隔たっていますが、動物にも想像力があると考えてよいのでしょうか」

フォン・W氏は次のように答えた。「そうした隔たりは実際にきわめて大きなものです。しかしそれは、動物には想像力がないということによるのではなく、動物に論理的思考が欠けていることによるのです。というのは、動物には論理能力が見られないからです」

これに対して、画家が次のように尋ねた。

「そうすると、論理能力の課題というのはどういうものですか」

フォン・W氏は話をつづけた。

「ヨハネス・ミュラーは、想像力《ファンタジー》のありかたを、創作する表象と呼んでいます。カントは、彼が生産的構想力について語ったとき、同じことを考えていました。想像能力《ファンタスティコン》は、感覚能力が伝達した諸感覚を形あるものにし、それらに意味を与え、空間と時間の中へ移し入れるという課題をもっています。ところで、空間と時間の中で、それらの感覚はその刺激源と統合されて現実的なものとなります。こうした現実を処理することが論理能力の課題なのです。つまり、論理的思考のカテゴリーを用いて現実をわがものとするというわけです。

私たち人間は、刺激源から出るあらゆる刺激は物質によると見るので、あらゆる刺激源を事物として把握しますが、その物質が現実に存在することは疑問の余地がありません。また、事物の本質は、相互に作用し合う点にありますが、この作用はつねに、私たちの論理能力が事物に課した原因と結果の思考法則に従って起こります。

しかしながら、こうした因果法則は、事物の物としての一義性が知られた後ではじめて、妥当性をもつのです。

《物としての一義性》ということで私が何を理解しているかを、一つの事例で明らかにしましょう。たとえば、私が一輪のバラを手に取るとき、それを眼で眺めるだけであれば、バラは色のついた視覚物です。バラの上を手でさっと触れると、それは触覚物となりますし、最後に、バラに鼻を近づけると、それは嗅覚物となります。視覚物と、触覚物、嗅覚物はそれ自体としては相互に何の関係もありません。しかし、もし私がそれらを一つの共通の意味のもとに、ただ一つの物である《バラ》という事物として統括するとき、それらはただちに一つのまとまりある現実となるのです。

さまざまな種類の感覚物が、事物と呼ばれる、一義的でそれ自体として完結した現実に統括されるのは、人間のもつ論理能力によるのです。しかし、そうした能力は動物にはありません。

したがって、事物をさまざまな感覚物へ分解することはとくに重要なことと思われます。というのも、私の考えでは、動物の環世界においては一義的な事物はなく、その代わりに、それぞれ別々の意味をもったさまざまな感覚物が現れるからです。おそらく、その点に関しては生物学者が私たちに教えてくださると思います」

しばらく熟慮してから私は答えた。

「あなたのおっしゃることは正しいと思います。カイザーリング伯の観察したイヌの話をしましょう。ある農園にイヌの飼い主がすでにいましたが、そこに飼い主と類似の服を着た他人が入って来ました。するとイヌは、主人を二重の形態で、つまり視覚物と嗅覚物として、同時に二つの位置において知覚することになった、というのです。

ローレンツは、ボタンインコの連れ合いが亡くなったので、インコを慰めてやりました。彼はそのインコの頭と同じ大きさのガラス球を、鳥籠の中のインコの頭の高さの位置に、インコの横に並べて上から吊り下げ、インコがそのガラス球に密着できるようにしたのです。このとき、《連れ合い》という意味は《頭》という視覚物および触覚物に結びついていました。ここでは、私たちにとって、インコという鳥の身体を形づくっているその他の要素が足

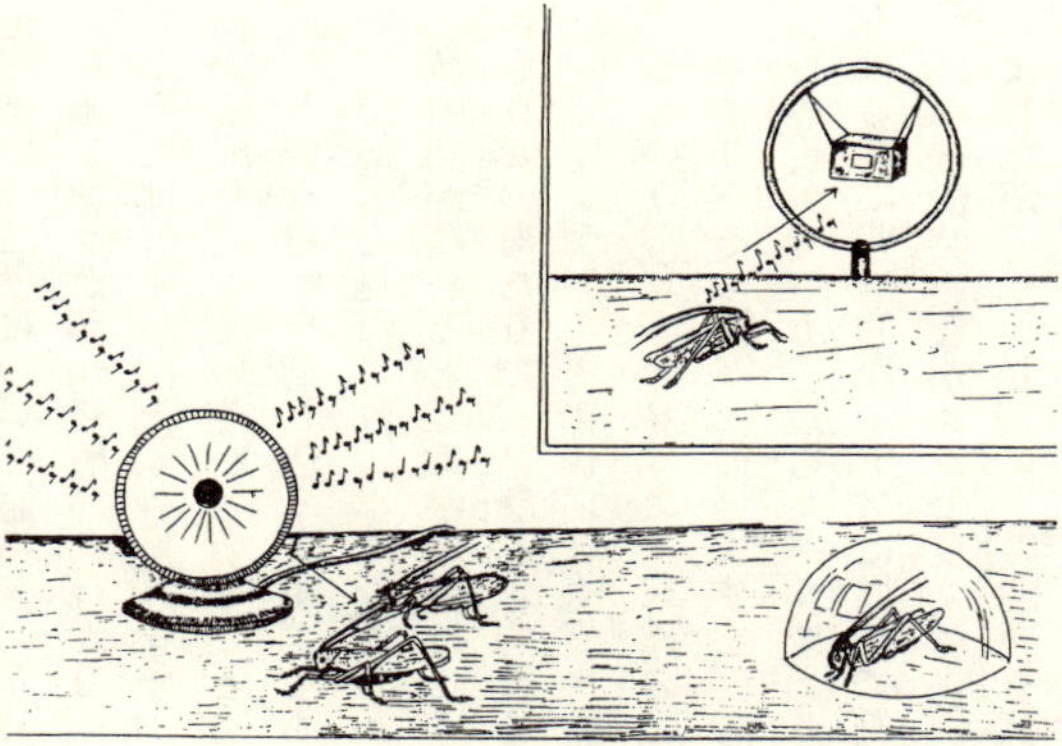

マイクロフォンの前のキリギリス

りませんでしたが、しかし、インコはそのことに気づかなかったのです。

ニワトリの雌は、雛が助けを求める声を発するとただちに救出に駆けつけますが、同じ雛が自分の目の前のガラス鐘の中であわてふためいているのを見てもまったく平然としています。このことは、メンドリにとって雛は視覚物と聴覚物に分かれており、それらはまったく別々に扱われる、ということを示しています。

同じ経験はキリギリスやコオロギからも得られています。キリギリスはガラス鐘の中にいる仲間を見せても少しも気にかけませんが、しかし、遠くのキリギリスの鳴き声をマイクロフォンで聞かせると、このマイクロフォンにはただちに集まってくるのです。

以上のどの例でも、個々の感覚物が事物全体の代理をしますが、私たち人間においては、事物全体が一義的な全体を形づくっています。これらの経験こそ、ビルツが《全体に代わる部分》ということについて語るきっかけとなったものでした。

ローレンツが卵から孵ったばかりのハイイロガンの雛において得た注目すべき経験は、次のように理解すればよく分かります。つまり、雛は、《母親》という対象が他のどんな感覚物から成り立っているかということにまったく頓着せず、最初に知覚した運動する物に《母親》という意味を刷り込みます。ですから、イヌでも人間でも、ハイイロガンによって《母親》であると見なされるようなことが起こるのです」

私の話が終わると、大学理事はこう言った。

「もうこのあたりで、プラトン的なイデアという私たちのテーマを締め括ってもよいのではないでしょうか。プラトンのイデア説をアリストテレスの三つの心的能力に関する説と結合するという、友人のフォン・W氏のご提案はきわめて考慮に値するものと思われます。

つまり、その提案に従いますと、想像能力はいわば、生物のイデアないし生命のイデアを感覚の現象界へもち込むレベルであるのに対して、論理能力はこの現象界を人間の論理というはるかに普遍的なイデアに従って処理し、さらに統括する、ということです」

理事は微笑みながらフォン・W氏のほうを向いて言った。「先ほど、あなたは苦言を呈されましたが、しかし、以上の関連を洞窟の比喩のイメージではっきり示してもよいのではないでしょうか。つまり、感覚能力と想像能力、論理能力はいわば光を屈折させる媒体であると言えるでしょう。この媒体によって、環世界という洞窟に外から差し込んでくる太陽光線が、洞窟の壁に原像の輪郭を映し出すのです」

フォン・W氏は思案しながらうなずいた。彼はしばらくしてからこう言った。

「私たちの考えと議論のいっさいの内容とを矛盾のないようにするためには、議論によって得られた成果をさらによく検討しなければならないでしょう。

結局、あなたのおっしゃることが正しいことになるかもしれません。しかし、いまのところ私は、まだ他の考え方に強くとらわれています。つまり、プラトンのイデアは、おそらくあれこれの形態で反映される何らかの原像と比較されるようなものではなく、全体をつらぬく、すなわち、知覚する主体と知覚される客体をつらぬく運動法則だ、という考え方です。主体と客体がつねに相互に対応しながら、さまざまな生の場面を経過してゆくあり方を凝視するとしたら、この場面のもつ法則こそプラトンがイデアと呼んだものに近いのではないかと、私には思われるのです。

チェンバレンは《生命はゲシュタルトである》と言いました。私はしばしば、この命題は本当に生命に関して何か本質的なことを語るのかどうか、自問してみました。ゲシュタルトという概念は、私たちの友人である生物学者が空間のゲシュタルトだけでなく、時間のゲシュタルトについても述べているように、少なくともそこまで広げて把握されねばならないと思います。

ところで、私は皆さんに、議論の舞台を今晩は私の所に移すように提案します。夕食の後、私たちの意見のやりとりにちょうどぴったりの場となる舞台を、その川の畔に設けてはどうでしょうか」

第十七章　統一としての生

チェンバレンの命題─《生命はゲシュタルトである》　ゲーテの詩─神なる自然の啓示　《人間は自然を考え、─神性は自然を生きる》（ミュラー）　ダーウィンの生存闘争と進歩　客観的世界観と主観的世界観の対立　エネルギー保存則に対する生命の統一の法則　変化の道（老子）とイデア（プラトン）

北欧の夏の宵、まだ暗闇の迫らぬ庭園。私たちは、ゆるやかに流れる川の岸辺の斜面に横たわっていた。

しばらく沈黙がつづいた後、大学理事が話を始めた。「チェンバレンの命題に関連して言いますと、一体、《生命がゲシュタルトを生み出す》のか、それとも《ゲシュタルトが生命を生み出す》のか、はっきりしません」

私は理事にこう答えた。

「モンシロチョウがこの問題にはっきりと答えを出してくれます。つまり、生命はゲシュタルトをもたないような生きた原形質から新しいゲシュタルトを生み出すのです。二つのゲシュタルトの形成のもととなるのは生きた物質、構成素材です。しかし、ゲシュタルトを構成するのは生命そのものなのです。

そのことはゲーテを引き合いに出して言えば、いっそう明確になります。つまり、ゲーテもまた《神なる自然》ということで、明らかに神的な生命そのものを理解していたのです。しかしまた、チェンバレンが《生命はゲシュタルトである》と述べたのは的確でした。というのは、生命は新しいゲシュタルトを生み出すのですが、同時に、新しいゲシュタルトのほうも、まさにそのゲシュタルトにおいて新しい生命の発現を示すからです」

理事が私に聞き返した。

「ゲーテがシラーの頭蓋骨を考察して次のように詠んだとき、ゲーテもまた、生命のそうした二つの側面を考えていました。あなたはそのことを言われるのですね。つまり、

《神なる自然の啓示を受けるより以上のものを、
人間は人生において得ることができようか。
堅固なるものを溶かして精神に変え、
精神の生み出したものを確固として保持する神なる自然の――》

そのように考えれば、チェンバレンの命題も納得がゆきます」
フォン・W氏はゲーテの同じ詩から次のような一節を引用した。
「《その形はいかに神秘に満ちて私を魅了したことか。
神の思念がとどめられたこの形、
それを一瞥すると、私はかの大海原へと誘われた、
満ち溢れるようにもろもろの形態を生み出す創造の大海原へ》
動物学者は、これをゲーテの信奉者たちの教条だとして非難します。しかし、生命を神的な海と捉えるのは自由な研究を阻害する壁となるでしょうか。
ヨハネス・ミュラーは深い根拠をもった次の命題を引用しています。《人間は自然を考え、――神性は自然を生きる》研究者の課題は、彼によると、自然物を微に入り細を穿って観察し、しかしその後に、観点を変えて、自然物とともにその意味を体験することにあります。意味付与というこの中心的な行為はまさに、自然物と体験を共有することにあるのです」

J. W. フォン・ゲーテ
(1749-1832)

動物学者が異議を唱えた。

「仮に私たちが空想の領域にまったく埋没してしまおうとするのではなく、ともかく自然科学的事実の領域との結びつきを保つことに重きを置くのであれば、あなたは次のことを明らかにしなければならないのです。つまり、あなたの意見によると、生命はたとえば種の成立に当たってどのように振舞うことになるのでしょうか。あなたはそのさい、意味付与の行為についてどのようにおっしゃるのでしょうか。とくに、この意味付与を、どのようにともに体験しようとするのでしょうか。

あなたも覚えていらっしゃるように、胚細胞はたんに小さなピアノの集まりにすぎないものであり、それらのいずれも刺激体の鍵盤をもっています。ところで、私の考えでは、オルゴール時計のように、自動式鍵盤のメカニズムが細胞の中へ組み込まれているのです。ですから、私が《種》を問題にするとき、同じ《種類》のピアノに属する細胞群を考えています。《種類》(Sorte) という語は《選別する》(sortieren)、つまり選抜するという意味の動詞に由来するのであって、《種》はたんに識別手段にすぎないのです。

これに対して、あなたと生物学者によると、《種》とは、同じソナタの同一の総譜であって、どのピアノにも一つの譜面のように開かれている、ということになります。その総譜は、何らピアノ奏者を必要とせず、自動的に音楽に変わるということです。このことは、種の中に、あらゆる個々の生物においてしばしば任意に繰り返される同じ原像を見るというあなたの立場から言えば、まったく当然のことなのです。

もし私が、あなたのおっしゃることを正確に理解しているとしたら、こう言えるでしょう。つまり、何千もの反射鏡の中でのように、同じ種が、同じ計画と同じ意味をもったあらゆる動物個体の中に繰り返される、ということです。それは、露の降りた草原で、同じ太陽の像が何千もの露の滴の中に映し出されるようなものです」

私は動物学者に答えた。

「印象深いイメージを述べていただいて感謝します。種の唯一の原像と個々の個体におけるその無数の繰り返しは、実際に、私たちの想像力によって思い描かれたイメージに対応しています。ところで、いま、想像力によって生み出されたイメージに触れましたが、それはまさに、意味付与の行為をともに体験することに他なりません。その体験の中で、原像がつねに新たに何千もの個体のうちに現れるのです。

あらゆる生物はその種の原像を反映します。その点で、あなたが正しく指摘されましたように、どれもが同じように、同じ太陽の像を描き出す草原の露の滴に似ています。ところで、仮に大半の露が風によって吹き払われたとしても、それを生存闘争であるとは誰も考えません。あなたのお考えでは、種の起源は生存闘争によって説明されるということですが。

プランクトンの何千もの幼生の大群が、プランクトン食の魚たちの摂食欲求の犠牲になるのは、進歩を促す《生存闘争》と解釈されています。しかしそれは、適者の生存とは何の関係もありません。たんに、もっとも近くにいる個体がまず食べられるだけのことなのです」

理事が動物学者に向かって言った。

「あなたは生存闘争によって適者が生存し、また、進歩がもたらされたという学説は、誤った思考にもとづくのではないか、とは一度も考えたことはなかったのでしょうか。たとえば、流行性コレラの例で言えば、毒性のきわめて少ない時期にコレラにかかった人は生存しますが、最適者と見なされうる抵抗力のある人が生存するということではけっしてないのです。その点で、病気に対する免疫性もダーウィンの意味での適者の証明にはなりません。

生存闘争は、ある病気が蔓延しないように、その病気にかかった動物を死滅させる場合は、疑いもなく有利であると言えます。たとえば、病気のウサギは健康なウサギよりもかんたんにキツネの犠牲になりますが、そのキツネによって病気にかかりやすいウサギが根絶されるとしたら、ウサギという種にとっては利益になるのです。しかし、老衰した個体も病気の個体と同じ状況にあるということを忘れてはなりません。老衰した個体を根絶しても種の改良には何の影響も及ばないのです。なぜなら、そのような個体はすでに子孫を産み残しているからです。

適者生存による種の進歩が生存闘争の中で行なわれるという学説は、まさにたいていの人々の抱く浅薄な思考の見本のようなものです」

動物学者が言い返した。

「もういい加減にしてくださいよ。私はどうして何度もダーウィン主義を説明しなければならないのですか。ダーウィン主義というのは、結局のところ、客観的世界観を補強する一つの仮説に他なりません。私たちの議論においては、何が問題かと言うと、客観的世界観が正当であるのか、それとも主観的世界観がそうなのか、ということなのです。

ヘルムホルツは客観的世界観をきわめて明快に発展させました。彼によると、感覚は世界の出来事全体を覆うヴェールのように横たわっています。このヴェールが取り除かれねばなりません。そうすれば、実際に起こること、つまり脳内における電気化学的事象が認識されます。脳は、外部から動かされ、外部へ作用する機械だと認められねばならないのです。それは、感覚によって主観的に色どられたすべての自然現象の根底にある、世界という大きな機械の一部をなしているものです。

これこそ私が賛同するテーゼなのです。ところがあなたは、主体によって事物の知覚標識として与えられる感覚を、事物そのものの現実的な性質だと説明しています。あなたの主張によりますと、感覚の背後に客観的なものは何もなく、つねに主体があります。あなたは世界を無数の主体的な環世界に分割します。そして、これらの環世界が存在するのは認識不可能な世界主体［神］のお蔭である、ということになります。要するに、私たちの主張する説によれば、感覚のヴェールの背後には強固で機械的な世界法則がありますが、あなたの説によれば、感覚の背後には生命の奇蹟があるのです」

これに対して私は次のように言った。

「客観的世界観と主観的世界観のあいだの対立を、あなたは、《法則あり》と《奇蹟あり》という言い方で説明されました。たしかにそれは非常に印象深いものですが、それほど十分なものではありません。

あらゆる生物にとって制約となる唯一の客観的外界の代わりに、無数にある主体の環世界を置く学説は、生物学的世界観のたんに一つの側面を示すものにすぎません。つまりそれは、私たち人間の現象界の客体から出発するのではなく、それぞれ固有の現象界によって取り巻かれているような生きた主体から出発する場合に、世界はどのように見えるかということを明らかにするものです。この考察様式には限界があることを私は認めます。というのは、個々の主体的な環世界だけでは、あらかじめ予定された諸関係を、――すなわち、さまざまな環世界相互を支配しており、また、まったくかけ離れた生物種の環世界を新しい統一へ結びつけるような諸関係を、けっして理解できないからです。

ところで、もしこのように、環世界から出発するだけでは、それらの環世界相互のあいだで支配的な関係を何ら把握することができないとしたら、私たちは、さまざまな環世界をすべて包含するような、世界像の統一にまで至ることはけっしてできないのです。

ここで、生物学はさらに別の出発点から生命現象へ近づかなければならないことが明らかになります。すなわち、この新しい出発点は、生の場面（ビルツ）の中に、あるいは、さまざまな動物主体とその環世界を上位の統一にまとめる生の振舞いとしての統一（トゥーレ・フォン・ユクスキュル）の中に見出されるのです。

こうした出発点から自然に接近する場合には、私たちは自然を、途方もなく錯綜していて、しかもそれ自体として完結しているような一つの巨大なドラマである、と見なすことになります。

この生のドラマは、私たちが多くの典型的な例で裏づけたように、たいていは四つの主要な機能環のうちどれか一つの形態で行なわれ、著しい多様性を示すような、一連の生の場面から成り立っています。

物理学のエネルギー保存則に対して、生物学は生命の統一の法則を対置します。この法則によれば、いかなる生命も失われることはありません。生命は一つの統一をなしているので、生命のあらゆる発現は、つねに生命へ還帰するのです」

動物学者が皮肉をこめて言った。「あなたがそのことをどのように証明されるつもりなのか、大いに知りたいものですね」

私はこう言い返した。

「その証明は永続的な回帰の事実の中にあります。私たちがナイチンゲールの歌について話したことを思い出していただくだけでよいのです。ナイチンゲールやクモの生命がつづくかぎり、囀りの歌も巣の網も同じ生命から出てきます。というのは、生命は一つの統一であり、主体であったり、超主体であったりするさまざまな統一を合一したものから成り立っているからです。

種もまた超主体の統一の一つです。種は、さまざまな役割を演じる十分な数の演技者がつねに大きな生のドラマの中に存在するよう配慮しなければなりません。これらの役割の中には、他の生物にとっての食物という客体、つまりその獲物となる役割も含まれます。このことから、有名な生存闘争が結局はどこに帰着するのかが分かります。それは生命に対する闘争ではなく、生命の内部の一つの場面にすぎないのです」

理事は私にこう言った。

「つまり、あなたのお考えではこうなります。現時点の動物は、その最終的な身体の衣装を身に付けた後、割り当てられた役割をもって最初から生のドラマに入っており、運命が定めたそれぞれの持ち場で、最後までこのドラマを演じる、ということですね。こうした役割というのはあらゆる細部に至るまでそれぞれの演技者に割り当てられているので、演技者は自分自身の経験をする必要はありません。また、幼い動物が経験を積むときは、これらの経験も考慮に入れられているのです。それゆえ、つねに繰り返される同じ役割をもとにして、生命は、もっとも錯綜した場面からもっとも単純な場面まで含む、さまざまな場面を構成するのです。結局のところ、すでに何千年も前にこの地球上で演じられ、ほとんど変化することなく今日でもなお驚嘆の念を起こさせるのは、始めから終わりまで同じドラマなのです。それ以来、何も変わることはありませんでしたが、ただ一つ人間の役割とその運命だけは例外です。もしあなたのおっしゃることが正しいのであれば、種の漸進的進化というダーウィンの学説は片づけられたことになります。というのは、その場合、種はけっして漸進的に成立したのではなく、自然の手による完成された創作物として、一つの統一から出るさまざまな統一として出現したことになるからです」

今度はフォン・W氏が発言した。

「これらの生の場面の法則を思い浮かべるのは容易なことではありません。とくに、さまざまなエネルギーの合成が因果的＝機械的な規則のもとで起こるとする、客観的な自然法則のイメージの中で育った場合には、容易ではありません。生物学は、物理学とはまったく違った仕方で自然というものに接近するということは、繰り返し強調されなければならないと思います。生物学は、物理学とは違った質問を自然に対して立てますので、解答も違ったものとならざるをえません。物理学者が自然に対して向ける質問は、つねに人間による自然への技術的介入の可能性に関わっています。ですから、その解答は技術的介入のための規則を含んでいます。この規則に対応して、物理学者は、自然は機械的関係である、と考えます。これに対して、生物学者は、主体の体験の行路を定めている法則を問題とするのです。

《神性は自然を生きる》というヨハネス・ミュラーの言葉を正確に解釈しますと、彼がそれによって主張したいことは、生命のもつ神性が自然界のさまざまな主体の体験を形態化するということなのです。しかし、ここで言う体験は心理学的なものであると理解されてはなりません。そうではなくて、単純にかつまったく一般的に、生の場面の中にぴったりと適合していることというふうに理解しなければなりません。この場面の法則が主体の知覚と作用を決定し、主体を定められた行路に沿って、繰り返し同じ生命の目標に向かわせるのです。

このことが明らかになりますと、おそらく私たちは、生命のもつ法則の作用をいかに捉えたらよいか、心に思い浮かべることができると思います。私の記憶が正しければ、老子は《私たちが歩む道は、道ではない》と言っています。彼にとっては、私たちを変化させる道こそ、まさに本来の道なのです。

生の場面が進展するなかで、主体の体験はたえずその要求とともに変化します。たとえば、あるとき空腹が主体を駆り立てるとすれば、主体が食物摂取の場面を歩む間に、空腹の体験は満腹に変化します。こうした内的な変化が主体の外部でのさまざまな歩みに対してつねに新しい道を開き、その道に沿って、主体を新しい生の場面へ踏み入らせるのです。この内的な変化の道が、個体発生のあいだに細胞の輪舞を導き、あらゆる発展段階を相互に結合して、統一的な時間のゲシュタルトにします。しかし、内的な変化の同じ道が、成長したさまざまな生物の演じる共同の振舞いをも決定し、それらの生物を新しい統一へ、さまざまな生命の振舞いがもたらす時間のゲシュタルトへ結び合わせるのです。

ゲーテは、メタモルフォーゼという言葉で変化の道を特徴づけ、そのさい動因を求めることを放棄して、それ以上遡ることのできない原現象について語りました。カール・エルンスト・フォン・ベーアはゲシュタルトの変化の動因として向目的性を設定しました。これはアリストテレスの言うエンテレケイア（エンテレヒー）の別名にすぎませんが、ドリーシュもこのエンテレヒーを新たに取り上げました。

変化の道に関する老子の説が原像ないしイデアに関するプラトンの説と一致するのはまさにいま述べた点にある、と私は思います。しかし、仮に私たちがその外面的なものにしがみつくとしたら、洞窟の比喩が混乱を引き起こすのもまさにこの点においてです。このことが、この比喩の解釈において私が最後まで理事に従うことができるかどうか疑っていた理由でもあります。というのも、プラトンの原像は結局のところ、知覚する主体の背後を通過して運ばれるような、固定された形成物であると理解されてはならないからです。そうではなくて、それは、生物の内的変化を強いることによって、その現象界における外的変化をも司るような活動の諸力としてのみ理解されるからです。

仮に私たちがこのように考えてみるなら、ヴォルフの新創造説も総譜や構成計画のイメージも、プラトンの説と一致するのです」

これに対して、動物学者が考えながらこう言った。

「私は、老子やプラトンの説に対抗してヘッケルの説を持ち出すつもりはありません。とはいっても、あなたが主張された見解のうち一つの点に関して、私は若干批判しなければなりません。

それはとくに、潜在的（ポテンシャル）な総譜というあなたの概念に対してです。私はポテンシャル・エネルギーが存在することを否定しません。持ち上げられた錘はどれも、発射用意の整った薬包と同じく、エネルギーを蓄えています。しかし、潜在的な総譜の中には、条件が揃えば動因として現れるような、何らかの発射用意の整ったエネルギーのようなものは少しも存在しません。ですから、有効な秩序エネルギーというものを仮定することはまったく不当なのですが、そうしたものから総譜が合成される、ということになります。しかし、物質に対してはただ物質的なものだけが作用することができるのです」

理事が動物学者に答えた。「総譜がエネルギーを含むなどと、誰も主張したことはありませんよ。総譜は胚の細胞に伝達される一つの秩序であり、その秩序によって、細胞の歩む道が最初から示されているのです。つまり、総譜は、細胞が歩む道を妨げるものではなく、むしろその道それ自体に他なりません」

動物学者がまた考えながらこう言った。

「つまりあなた方は、いわば、世界の総譜というものを信じているのですね。そうであれば、あなたがどの生物にとっても独自の運声法があると想定することは、私にも分かります。しかし、この世界の総譜という枠内で因果法則の作用する余地が一体あるのかどうか、どうも疑問に思われるのです」

第十八章　結　び

新しいイデアの出現―科学史　生のイデアによる新しいイデアの創出　メタモルフォーゼと人間の想像力　ゲーテのデモーニッシュなもの　潜在的な原ドラマと現実の生のドラマ　《秩序なくして構造なし》

このとき、フォン・W氏が新たに議論に割り込んできた。

「私が展開したようなイデアのイメージのうちに、因果的＝機械的法則の作用する余地があるかどうかを決定しうるためには、イデアの出現を示す重要な例を探し出すのがよいでしょう。

新しいイデアの出現を示す歴史的に確認されたもっとも古い例はアルキメデスによるものです。アルキメデスはあらゆる物質の性質に、形と量の他に密度を付け加えました。この新しい特性の発見の後はじめて、物質をその比重の測定によって相互に区別することができました。ガリレイは振り子運動をするシャンデリアに時間計量器の特性を与えました。ニュートンは落下するリンゴを新しく発見された引力の世界へ引き入れ、同様に、ヘルツはまったく新しく発見された波動空間の中に電気的火花を組み入れました。トリチェリは大気に新しい特性、すなわち気圧を与えて、あらゆるポンプ装置の計測をはじめて可能にし、気圧計を発明しました。また、検眼鏡は、もう何千年も前に論理的推論によって発見されていたように思われますが、驚くべきことに、これはようやくヘルムホルツによってビール瓶からヒントを得て作られたものなのです。

これらのあらゆる例において、こうしたイデアが人間を新しい可能性の世界に導くような、新しい道を切り開いてくれるということが分かるのです。しかし、こうした新しい可能性はつねに人間の能力と関連しています。この人間の能力はたしかに拡張されますが、しかし、これらのイデアによって何ら根本的に新しい能力が創り出されるわけではないのです。人間にとって新しいイデアが出現するというこうした一連の例を全体として見ると、因果法則も同じようなイデアとして、他の新しいイデアとまったく同じレベルで考えられると思われます。因果法則も人間に一定の可能性をもった世界への一定の道を示します。この世界の可能性も人間の能力に、すなわち、空間と時間のうちにある諸対象の間で人間を導いて行く能力に、また、これらの対象を把握し、重さを量り、その機械的組成を研究する能力に対応します。ニュートン、ガリレイ、トリチェリ、ヘルツ、ヘルムホルツのイデアは、いずれもそれぞれの仕方で因果法則のイデア、そしてそれによって与えられるさまざまな可能性を拡張するのです。しかし、これらのイデアはすべて、人間という主体の中に、その本質からいって人間の原初的な技術的能力を超えた根本的に新しい能力を、何ら引き起こすものではありません。

ところが、まさにこのことを生命のイデアが行なうのです。食物摂取の場面というイデアが、私たちのうちに、この場面の外部では知られていない能力を引き起こします。そして、愛の場面というイデアが再び根本的に新しい能力を創り出します。これらのあらゆる場合に、自然はそのイデアを想像力に対して開示します。この想像力は、判断する悟性が後につづくことができるように、まずそれらのイデアによって突き動かされていなければなりません。

新しい原像の出現という注目すべきことを体験したのはケークレ・フォン・シュトラドニッツです。彼は化学的結合を長いこと探究したのち、突然、肉眼でベンゾール環の像を捉えました。つまり、この像は想像能力によって直接に視覚空間の中へ移し入れられたのです。私たちはここにおいて、直接に想像能力が働いているのが分かります」

そのとき、動物学者が熱っぽい調子で発言した。

「大きな発見をもたらすいわゆるインスピレーションにおいては、論理的に判断する悟性は問題になりません。私はそのことをすすんで認めます。それでも私たちは科学的研究を悟性に委ねなければならないのです。というのも、都合のよいインスピレーションを待ち望んだり想像力の夢想に耽ったりすることは、見込みのない企てだと思うからです。そのようなことをしても、生命において何ら合理的なものは出てこないのです」

　これに対して、理事はこう言った。「しかし、私はあなたに異議を唱えざるをえません。すでにヨハネス・ミュラーが、イデアに導かれた想像力は自然科学において指導的な役割を果たすと認めています。彼ははっきりとゲーテの言う植物のメタモルフォーゼを賞讃していますが、このメタモルフォーゼは、自然の想像力に従って、人間の想像力を用いて生み出されたものです」

　ここで、画家が声を張り上げた。

「私も、自分の体験からささやかな異議を申し上げたい。たとえば、私がフリードリヒ大王の城館で絵を描かなければならないとき、回想によってまさに生き生きと再現された空間において、はっきりとした輪郭をもって大王が出現するのを、私は認めることと信じます。その現実の姿を私は城館において鮮やかに感じるのです。こうした空間にそれ独自の生命を与えることこそ想像力のゲシュタルトであり、私はそれを何とかして私の描く絵の中で捉えようとするのです。

　もしも、無数にある個々の部分が結合して一つの調和をなしているような、バロック様式の大聖堂の内部を描くとしたら、関連のある事柄がさらに明瞭になるでしょう。カトリックの教会では祭壇が中心ですが、それは象徴的な贖罪の石であり、そこにおいて人類贖罪のためのキリストの受難が繰り返し想起されるのです。プロテスタントの教会では説教壇が中心で、そこから愛の教えが繰り返し人々に向けて説かれます。他のいっさいの物、つまり、聖歌隊席、金色の枠台、聖人の恍惚とした相貌、色とりどりのステンド・グラス、永遠に訓戒を発する象徴である漆黒の十字架――それらはすべて見えない神秘の、しかも目にすることのできる威光であり、私たちすべてが求める、私たちの内なる神の原像を明るみに出すものなのです」

理事はうなずいてこう言った。

「動物学者は、それは宗教であって科学ではない、とあなたに答えるでしょう。だがあなたは、科学にもきわめて有益である道を、すなわち、生命の原像というものの追究のために想像力を駆使する道を、印象的な仕方で示唆してくれました。というのは、これらの潜在的な原ドラマの完全性は疑う余地がないからです。それらはすべて、詩人であるとともに作曲家である共通の存在を示唆しています。

もちろん、現実における原ドラマの反復がきわめて欠陥を含んだ演出による場合には、事情が異なります」

ここで、動物学者が口をはさんだ。「あなたが原ドラマとして定義するものの現実がそのように欠陥を含んだ反復であることについては、おそらく、自然が冷酷無比の状態にあることを知った人なら誰でも納得するに違いありません。なぜなら、生存闘争はたんに弱者を絶滅させるだけでなく、人間の生をより人間的にすることができるような、あらゆる洗練された性質をもつ存在者をも絶滅させるからです」

理事は動物学者のほうを向いて言った。

「あなたの説明によれば、悪しきデーモンが世界を創造し支配すると想定してもよいことになるでしょう。このことから私はゲーテの『詩と真実』の注目すべき一節を思い出します。ゲーテはその一節でデモーニッシュなものについて述べています。すなわち、そのデモーニッシュなものとは、全自然において、とりわけ人間の生に顕現し、人間の使命と交叉する運命の力をなしており、一方を縦糸とすれば他方を横糸と見なすことができる、というのです。人間の使命とゲーテのデモーニッシュなものは、潜在的な原ドラマと現実の生のドラマにたとえることができるでしょう。

私たちの友人である動物学者の批判は、おそらくそうだと思いますが、現実的な生のドラマに対してのみ向けられています。そのさい彼は、潜在的な原ドラマに十分には注意を払わず、しかも、現実の生のドラマが原像と対応するさまざまな事例をも見過ごすという危うい事態に陥るのです。ですから、もう一度、そうした数々の事態を思い起こしていただきたいと思います。そこに見られたのは、《適応》ではなく、まさに《適合》（嵌め込み）と言うことができます。しかし、この適合は、因果的な依存関係ではなく、むしろ共通のイデアの中に嵌め込まれた一つの相互連関に等しいものなのです。

イデアのこうした豊かさは、自然を、つまりヨハネス・ミュラーの言うような、神性によって《生命を吹き込まれた》自然を、私たちが《考える》たびごとに、感嘆の念をもって熟慮すべきものです。

私はよく思うのですが、生命は種子を播く人に似ています。彼は、何千ものゲシュタルトを秘めた種子を、まるで火花の雨のように散布するのです。たとえば、植物の種子が風を利用して飛ぶのはあらゆる人間の創意工夫を凌駕するものですが、そのように、風に自らを委ねる種子とか、海水中を雲霞のように漂う多種多様なプランクトンの群れを思い浮かべさえ

すればいいのです。

発芽する種子はどれもそれ自体のうちに生命の火花を含んでおり、どの種子も、外界の事情が許すかぎり、たとえ運命がそれをどこへ押しやるとしても、それに定められた生命のゲシュタルトに向かって発生するでしょう。

しかし、種子を播く人は、彼が散布する何千もの生命の火花はどれもけっしてなくなりはしないことを知っています。というのは、あらゆる生命は一つのものであり、結局は自己自身へ帰ってくるからです。

私たちの友人の動物学者が《構造なくして秩序なし》と主張したのに対して、私は《秩序なくして構造なし》と主張します。自然の秩序がはじめて構造を、またこの構造のもとで力学的形成物をも創り出します。そして、こうした力学的形成物を介して、有機体における物理エネルギーの発現は秩序あるものにされるのです。

なぜなら、秩序が第一義的なものだからです。さらに、私はあえてこう主張します。《天文学者が唱えるように、混沌がかつて支配していて、その後に天体の秩序が生まれてきたということではけっしてない。そうではなく、まずはじめに秩序があった、秩序は生命のうちにあり、生命がまさに秩序であった、こうした秩序を通じて、私たちの前にある広大無辺の全自然がその永遠の秩序において成立したのだ》と」

訳者あとがき

本書は、Jakob von Uexküll : *Das allmächtige Leben,* Christian Wegner Verlag, Hamburg, 1950 の全訳である。ユクスキュルは一九四四年に逝去していることからも推察されるように、原著はユクスキュルの遺稿である。この原著の成立事情については、本書の「はしがき」を参照していただきたい。原著の表題は、直訳すれば『全能なる生命』ということになるが、邦訳では『生命の劇場』とした。というのは、総譜という音楽的な構成計画に従って生のドラマが演じられるという、生物の世界への演劇的なアプローチが本書に窺われるからである。

原著者、ヤーコプ・フォン・ユクスキュル（一八六四〜一九四四年）は由緒ある貴族の末裔としてエストニアのグート・ケブラスに生まれ、ドルパト大学で動物学を学んだ。さらにハイデルベルク大学の生理学者キューネ（一八三七〜一九〇〇年）のもとで無脊椎動物の比較生理学の研究に着手した。その後、東アフリカ沿岸にて研究をつづけ、一九〇七年にハイデルベルク大学から学位を取得した。しかし、ハイデルベルク大学で公職は得られず、在野で比較行動学の研究を継続した。一九二五年にようやく、ハンブルク大学名誉教授として

ヤーコプ・フォン・
ユクスキュル

《環世界研究所》の所長となり、一九三六年まで在任した。その後、ハンブルク動物園・水族館長となった。ユクスキュルの主要著作は、本書以外に以下のようなものがある。(1)『動物の環世界と内的世界』(一九〇九年)、(2)『生物学的世界観の礎石』(一九一三年)、(3)『ある婦人への生物学的書簡』(一九一九年)、(4)『理論生物学』(一九二〇年)、(5)『生命論』(一九三〇年)、(6)『動物と人間の環世界への散歩』(一九三四年)、(7)『意味の理論』(一九四〇年)、(8)『自然における不朽の精神』(一九四六年)、など。また、ユクスキュルは他に、一〇〇編を超す諸論文を残している。

　ユクスキュルに関するまとまった邦訳文献としては、前記の(6)と(7)を訳出した『生物から見た世界』(日高敏隆・野田保之訳、思索社、一九七三年)が入手可能な唯一のものであったが、この訳書を通じて、ユクスキュルの世界観と認識論に魅了された人も少なくないのではなかろうか。われわれの人間中心の考え方を、ユクスキュルは生物から見た世界をとおして明確に退け、生物中心の世界観と認識論をたいへんリアルに展開したからである。しかし、わが国ではまだ、彼の知名度のわりにはその著作は十分に紹介されていないように思われる。したがって、われわれはとりあえず、一般の読者にも馴染みやすい対話というスタイルで書かれ、またユクスキュルの思想が凝縮されている最晩年の著作である本書を、訳出するに至ったのである。

さてここで、ユクスキュルの生物学思想、とくに環世界論、そしてそれにもとづく生命論の意義について、その一端に触れておくことにしたい。周知のように、ユクスキュルの言う《環世界》(Umwelt)とは、生物体によって周囲の環境から切り取られた世界、生物体に応じて固有に意味づけられた世界であった。

こうしたユクスキュルの環世界論は、まず第一に、M・シェーラーなどの哲学的人間学に影響を与え、K・ローレンツやN・ティンバーゲンなどの動物行動学(比較行動学)の先駆となった。また、環世界における主体と客体のみごとな適合を示す《機能環》の概念によって、ユクスキュルは、機械論に陥っていた当時の生物学を鋭く批判したが、この批判を引き継いだのがサイバネティクスやシステム理論である、と言われる。

第二に、最近の生命論ブームに対して、ユクスキュルの環世界論、生命論は一つの刺激的な議論となるであろう。最近の各種の生命論のうち、われわれがとくに興味深く読ませていただいたのは、中村桂子氏の『自己創出する生命』(哲学書房、一九九三年)である。このタイトルには、《自己複製する生命》としての生命の捉え方への批判が込められているようであり、生命論をめぐる目下の論点が示唆されている。それはともかく、いまわれわれが注目するのは、理性よりも大きな概念としての《生命》が時代の理念になるときが来た、という中村氏の言葉である。もはや理性至上主義の時代は過去のものとなった。人間中心主義の跋扈する時代も過去のものとしなければなるまい。われわれは、もっと根底的に《生命》そのものを、たんに人間の《生命》のみではなくして、人間をその一部とする、いわば大文字の《生命》に思いを致すべきではないだろうか。本書がそうした思索への一つの契機となることを、訳者として願う次第である。

第三に、A・ポルトマンなどから疑義が出されていたことであるが、ユクスキュルの環世界論が果たして人間にも適用されるかどうかという問題がある。ユクスキュルは本書『生命の劇場』においては、人間をも含めて環世界論を展開している。言うまでもなく、ユクスキュルの環世界論は人間以外の生物のみに適用されるものではない。しかし人間は、すべての生物の環世界を理解する《論理能力》（本書参照）を有するという点では、自らの環世界を他の生物の環世界から区別しうるのである。

しかし、第四に、プラトンのイデア論やドリーシュのエンテレヒーをとおして語られるユクスキュルの生物学思想のうちに、生気論と形而上学を読みとり、その評価に躊躇される読者もおられるはずである。そのことの当否は読者のご賢察に委ねるとして、ユクスキュルはあくまで、具体的な生物の世界を生物主体の内側から眺めるというリアルな認識にもとづいているということを、われわれは見過ごしてはなるまい。

ところで本書は、博品社からの依頼を受けて翻訳されたものである。翻訳分担について言えば、「はしがき」から第九章までを寺井が、第十章から第十八章までを入江が、それぞれ担当した。われわれは相互に訳稿をチェックして可能なかぎり調整を図る努力を重ねた。

われわれは、ドイツ現代文学（寺井）と生物哲学（入江）を専攻しており、ユクスキュルの理論に直接関わる者ではないが、それぞれの関心から本書の翻訳に取りかかった。しかし、いざ始めてみると、翻訳作業は多分に難渋を極めた。それは、一つには、本書が未完成な遺稿であったことによる。そして何よりも、本書で話題とされている領域が、たんに生物学にとどまらず、物理学から芸術に至るまで広範多岐にわたっていたからに他ならない。これについては、もとよりわれわれは関連文献に当たるなどして正確な理解に努めたが、なお不適切な点も残っているものと思われる。読者からのご指摘をいただければ幸いである。

なお、本書の訳語に関して、ここでとくに二つの点について述べておきたい。まず、ユクスキュル理論のキーワードである“Umwelt”は、従来《環境世界》と訳されてきたが、動物行動学者の日高敏隆氏のご提案を受けて《環世界》と改めた。《環境世界》という訳語を用いると、客観的な意味での周囲の環境が連想されやすい。ユクスキュルはそうした意味の《環境》に対しては、“Umgebung”という言葉を用いている。したがって、“Umwelt”については端的に《環世界》とするほうが、二つの用語の区別を明確にするのではないか、というご主旨である。次に、“parabiologisch”は《パラ生物学的》と訳した。“para”という語は、元来《～の側に》、《～を超えて》という意味のギリシア語の前置詞であるが、ここでの

《パラ》はその両方の意味を含んでいる。すなわち、この《パラ生物学的》とは生物学的局面につねに伴う局面であると同時に、生物学を超えた主体内部の局面をも示すからである。したがってここでは、そのまま《パラ生物学的》と訳しておいた。

最後になったが、日高氏にはご多忙のなか本書の校正刷りをお読みいただき、ユクスキュルの用語に関するご助言を賜った。また、岩手医科大学の石渡隆司氏、東海大学の渡部武氏をはじめ、多くの方々にご教示いただいた。この場を借りて心より感謝の意を表したい。また、編集の藤本時男氏には、その他不明な点に関して一方ならぬご尽力を賜り、原図以外の図版についても用意していただいた。さらに印刷所には、校正の途中で《環境世界》をすべて《環世界》と改めるなど、ご面倒をおかけした。これらの方々にも、厚くお礼を申し上げる次第である。

一九九五年十月

入江重吉
寺井俊正

学術文庫版のあとがき

一九九五年に博品社より刊行された本書がこのたび、装いを新たに講談社学術文庫版で再刊されることになり、訳者にとってはもちろんのこと、潜在的読者層にとっても時宜にかなうたいへん悦ばしいことである。博品社版の「あとがき」でも述べているとおり、ユクスキュルの名はよく知られているが、邦訳としてはわずか二冊しかない。そのうちの一冊である本書が絶版になっていた。もう一冊は一九七三年に日高敏隆氏と野田保之氏の訳で思索社より『生物から見た世界』と題して出版され、二〇〇五年に日高氏と羽田節子氏の新訳で岩波文庫に収められている。

本書の博品社版に対しては、すでに故人となられた動物行動学者、日高敏隆氏より「生物を環《めぐ》る境遇としての環境 Umgebung に対して、生物が環《まわ》りに与える意味の世界としての〈環世界〉Umwelt――ユクスキュルが彼の卓抜した認識論として綿密に展開したのがこの著である」というご推薦の言葉をいただいた。日高氏の簡潔で凝縮されたこの推薦文において、ユクスキュルの「環世界論」の意義が的確に示されている。なお、日高氏は二〇〇五年に総合地球環境学研究所所長（当時）として、第九五回本田財団懇談会で、「環境と環世界」と題する講演をされており、そこでわかりやすくユクスキュルの「環世界論」を説き明かしておられる。ちなみに、この講演は現在ウェブサイトで閲覧可能である。

また、本書の博品社版が出版された際の評価として、読売新聞（一九九五年十二月十日付）と産経新聞（一九九六年二月八日付）に掲載された書評記事を紹介しておきたい。評者はそれぞれ東京大学教授の西垣通氏と中央大学教授（当時）の木田元氏である。

まず前者の書評で西垣氏は、「生物界に高次元の統一秩序」と題して、本書の内容を的確に紹介されている。すなわち、「本書では、生物機械論者を含む数名の討論という形をとりつつ、さまざまな生物主体の環世界の相互関係に光があてられていく。多様な具体例を通して、『それぞれの生物の環世界の上位に、全体をまとめあげる高次元の統一秩序がある』という著者の信念が姿をあらわす。それはいわば壮大な交響曲の総譜のようなものであり、個々の生物は対位法的に一定の役割を演じつつ、宇宙の巨大なドラマに参加しているというわけである」。

次に後者の書評で木田氏は「生物中心の壮大な学問的対話」と題して、「プラトンの対話篇を思わせるような壮大な学問的対話を繰りひろげる」本書の形式が大きな効果を上げていると指摘された。すなわち、「そう分かりやすいとは言えないユクスキュルの生物中心的な世界観と認識論が、生物学の具体的な事例に即して、機械論的解釈と一々対比されながら、しかも話し言葉で、実に生きいきと明快に説き明かされるからである」と。

それぞれ動物行動学・情報学・哲学の分野での碩学である、日高敏隆氏、西垣通氏、木田元氏のご指摘の上にさらに付け加える解説は必要ないであろう。詳しくは本書を繙いて、読者諸賢がまさに学問的対話を試みていただきたいと、訳者は切に願っているしだいである。ただ、本書で対話を繰りひろげる登場人物について、蛇足かもしれないが、少し紹介しておこう。

本書の対話に登場するのは、大学理事（フォン・K氏）、宗教哲学者（フォン・W氏）、画家、動物学者、生物学者の五名である。この内、直接に論戦が交わされるのは動物学者と生物学者のあいだであり、ここで生物学者はおそらくユクスキュル自身の見解（環世界論）を示し、動物学者はそれに対立する理論（機械論）を代表している。それに対して、宗教哲学者と画家はそれぞれ形而上学と芸術を代表し、それぞれの立場から、基本的には生物学者の見解を補強する役割を担っている。そして大学理事は、同じく基本的には生物学者の見解に同調しつつも、対話のまとめ役として、全体の論議を調整・総合する働きを示していると言えよう。ちなみに、このように見れば、著者であるユクスキュルが、本書では生物学者と大学理事との両方にスタンスを置いていることは明らかである。言い換えれば、直接的には生物学者に自らの見解を語らせながら、しかし同時に、それを相対化・客観化しうるような総合的・包括的な立場に身を置いているのである。そしてここに、本書の主たる性格——すなわち、本書が著者の最晩年において、生命に関する長年の思索のいわば総決算として著されたものであることを、容易に見て取ることができよう。

ところで、ヤーコプ・フォン・ユクスキュルの名を冠したセンターが一九九三年にエストニアのタルトゥ（旧ドイツ語名はドルパト）で設立され、現在タルトゥ大学の付属となっている。二〇〇四年には、ユクスキュル生誕一四〇年記念のシンポジウムが開催された。このようにメモライズされている異色の生物学者かつ思想家であるユクスキュルの意義はいまなお廃れることはない。なお、本書を繙けば分かるように、すでに過去のものとなった自然科学的知見に関する発言も見られる。しかしそのことが、本書の独創的な「環世界論」のトーンを貶めるものではなかろう。

最後になったが、講談社学芸局の梶慎一郎氏には本書の学術文庫版刊行に当たって一方ならぬお世話をいただき、おかげで本書の内容を綿密に点検し、改善することができた。厚く御礼申し上げるしだいである。

二〇一一年十二月

入江重吉
寺井俊正

ポーランドの動物学者　112
メンデル　Gregor Johann Mendel（1822-1884）オーストリアの遺伝学者・修道院長　95
モーガン　Thomas Hunt Morgan（1866-1945）アメリカの遺伝学者・発生学者　140

〈ヤ　行〉

ユクスキュル　Gudrun von Uexküll　ユクスキュルの妻　13
ユクスキュル　Jakob von Uexküll（1864-1944）　9, 11, 13
ユクスキュル　Thure von Uexküll（1908-2004）ユクスキュルの息子　13, 289

〈ラ　行〉

ルーベンス／リューベンス　Peter Paul Rubens（1577-1640）フランドルの画家　28
レンブラント　Rembrandt van Rijn（1606-1669）オランダの画家　160-161
老子／李耳　中国周代の思想家。道家の開祖　292-293
ローレンツ　Konrad Lorenz（1903-1989）オーストリアの動物行動学者　90-91, 259, 276, 278

ブラウス　Hermann Braus（1868-1924）　ドイツの自然科学者・解剖学者　125, 236
プラトン　Platon（前427?-前347?）　古代ギリシアの哲学者　29, 49, 215, 231, 243-244, 246, 250, 254, 264-269, 278-279, 293
フリッシュ　Karl von Frisch（1886-1982）　オーストリアの動物生理学者　271
フリードリヒ大王　Friedrich der Große（1712-1786）　プロイセン王（在位1740-1786）　298
ブロック　Friedrich Brock（1898-1958）　ドイツの動物学者　257
フォン・ベーア　Karl Ernst von Bear（1792-1876）　ドイツの動物発生学者　293
ベーア　Theodor Beer　1900年前後に活躍。ドイツの生理学者　38
ヘッケル　Ernst Heinrich Haeckel（1834-1919）　ドイツの動物学者・哲学者・進化論者　293
ベッヒャー　Erich Becher（1882-1929）　ドイツの自然哲学者　157-158
ベーテ　Albrecht Bethe（1872-1955）　ドイツの生理学者　38
ヘルツ　Heinrich Rudolf Hertz（1857-1894）　ドイツの物理学者　296
ヘルツ　Mathilde Hertz　1900年代前半に活躍。ドイツの動物学者　184-185
ヘルムホルツ　Hermann Ludwig Ferdinand von Helmholtz（1821-1894）　ドイツの生理学者・物理学者　45-50, 66-68, 266-267, 287, 296

〈マ　行〉

ミュラー　Johannes Peter Müller（1801-1858）　ドイツの動物学者・比較解剖学者・生理学者　23, 25, 74, 133, 154-156, 184, 191, 193, 200-201, 203, 206-207, 214, 274, 283, 291, 298, 301
ミリンダ（王）　Milinda=Menandros／弥蘭陀　前160年-前135年にインドで活躍したギリシア人王　69
ミンケーヴィッチ　Romuald Kazimierz Minkiewicz（1878-1944）

者・遺伝学者　97, 221
ドリーシュ　Hans Adolf Eduard Driesch（1867-1941）　ドイツの生物学者・哲学者　127, 227, 239, 293
トリチェリ　Evangelista Torricelli（1608-1647）　イタリアの数学者・物理学者　296
トルテン　Hans Tolten（1888-1943）　アルゼンチンで活躍したドイツの動物研究家　87

〈ナ　行〉

ナーガセーナ　Nāgasena／那伽犀那　前２世紀後半の仏教の沙門とされるが、実在の人物かどうかは不明　69-70
ニュートン　Issac Newton（1642-1727）　イギリスの物理学者・数学者　54-55, 295-296

〈ハ　行〉

バイテンデイク　Frederik Jacobus Johannes Buytendijk（1887-1974）　オランダの生理学者・動物心理学者　187
パヴロフ　Ivan Petrovich Pavlov（1849-1936）　ロシアの生理学者　169-170, 261, 264, 271
ハクスリー　Thomas Henry Huxley（1825-1895）　イギリスの動物学者。英国王立協会の会長　24, 34
バーバンク　Luther Burbank（1849-1926）　アメリカの植物育種家　96, 221, 247
ハルトマン　Max Hartmann（1876-1962）　ドイツの動物学者・哲学者　199
ピョートル大帝／一世　Pyotr I Alekseevich（1672-1725）　ロシア皇帝（在位1682-1725）　204
ビルツ　Rudolf Bilz（1898-1976）　ドイツの古人類学者・心身医学者　12, 26, 88, 210, 256, 278, 288
ファーブル　Jean-Henri Fabre（1823-1915）　フランスの昆虫研究家・博物学者　114
フェヒナー　Gustav Theodor Fechner（1801-1887）　ドイツの物理学者・心理学者・哲学者　64-66

ゲーテ　Johann Wolfgang von Goethe（1749-1832）ドイツの詩人・小説家・劇作家・自然科学者　212, 240, 242, 282-283, 292, 298, 300
ケーラー　Wolfgang Köhler（1887-1967）エストニア生まれのドイツの心理学者　72

〈サ　行〉

ザリス　Emanuel Georg Sarris　ドイツの動物学者。ユクスキュルの共同研究者　271
シェイクスピア　William Shakespeare（1564-1616）イギリスの劇作家・詩人　110
シェーファー　Heinrich Schäfer（1868-1957）ドイツのエジプト学者　166
シュペーマン　Hans Spemann（1869-1941）ドイツの動物学者・発生学者　125, 132, 198, 236, 239
シラー　Friedrich von Schiller（1759-1805）ドイツの作家・戯曲家　282
ジーンズ　James Hopwood Jeans（1877-1946）イギリスの天文学者・物理学者　215
ストリンドベリ　Johan August Strindberg（1849-1912）スウェーデンの戯曲家・作家　192

〈タ　行〉

ダーウィン　Charles Darwin（1809-1882）イギリスの動物学者。進化論の提唱者　23, 101-103, 118-119, 143, 219, 222-226, 234, 286, 291
チェンバレン　Houston Stewart Chamberlain（1855-1927）イギリス生まれのドイツの哲学者　279, 282-283
ツィーオン　Élie de Cyon（1843-1912）リトアニア生まれの生理学者・ジャーナリスト　174
ドフライン　Franz Theodor Doflein（1873-1924）フランス生まれのドイツの動物学者　148
ド・フリース　Hugo de Vries（1848-1935）オランダの植物生理学

人名索引

〈ア　行〉

アリストテレス　Aristoteles（前384-前322）　古代ギリシアの哲学者　181, 183-184, 269, 278, 293
アルキメデス　Archimedes（前287-前212）　古代ギリシアの数学者・物理学者　295
アルント　Walter Arndt（1891-1944）　ドイツの動物学者・医者　150, 199, 227, 233, 235, 238
ヴェセリー　Karl Wessely（1874-1953）　ドイツの生理学者　125
ヴォルフ　Caspar Friedrich Wolff（1733-1794）　ドイツの博物学者　175, 227-228, 240, 293
オットー　Rudolf Otto（1869-1937）　ドイツの神学者・哲学者　213

〈カ　行〉

カイザーリング伯　Alexander Michael Lebrecht Nikolaus Arthur Keyserling, Graf von（1815-1891）　バルト諸国ドイツ貴族の動物学者　270, 276
ガリレイ　Galileo Galilei（1564-1642）　イタリアの物理学者・天文学者　295-296
カント　Immanuel Kant（1724-1804）　ドイツの哲学者　165, 174, 244, 253, 274
キュヴィエ　Georges Léopold Chrétien Frédéric Dagobert Cuvier（1769-1832）　フランスの比較解剖学者・古生物学者　118-119
クラーゲス　Ludwig Klages（1872-1956）　ドイツの哲学者・性格心理学者　265, 267
クリサート　Georg Kriszart　1930年代に活躍。ドイツの動物学者。ユクスキュルの著書の挿絵を描く　261, 271
ケークレ　Friedrich August Kekule von Stradonitz（1829-1896）ドイツの有機化学者　297

本書の原本は、一九九五年に博品社より刊行されました。

J·v·ユクスキュル（Jakob von Uexküll）
1864年，エストニア生まれの生物学者。他の邦訳書に『生物から見た世界』。1944年没。

入江重吉（いりえ　じゅうきち）
1947年生まれ。京都大学大学院修了（哲学専攻）。現在，松山大学教授。著書に『エコロジー思想と現代』ほか。

寺井俊正（てらい　としまさ）
1949年生まれ。京都大学大学院修了（ドイツ文学専攻）。現在，大阪市立大学教授。共著に『ドイツ詩を学ぶ人のために』ほか。

講談社学術文庫

定価はカバーに表示してあります。

生命《せいめい》の劇場《げきじょう》

ヤーコプ・フォン・ユクスキュル
入江《いりえ》重吉《じゅうきち》・寺井《てらい》俊正《としまさ》 訳

2012年2月9日　第1刷発行

発行者　鈴木　哲
発行所　株式会社講談社
東京都文京区音羽2-12-21 〒112-8001
電話　編集部（03）5395-3512
販売部（03）5395-5817
業務部（03）5395-3615
装　幀　蟹江征治
印　刷　株式会社廣済堂
製　本　株式会社国宝社
本文データ制作　講談社デジタル製作部

ISBN978-4-06-292098-8

800

「講談社学術文庫」の刊行に当たって

これは、学術をポケットに入れることをモットーとして生まれた文庫である。学術は少年の心を養い、成年の心を満たす。その学術がポケットにはいる形で、万人のものになることは、生涯教育をうたう現代の理想である。

こうした考え方は、学術を巨大な城のように見る世間の常識に反するかもしれない。また、一部の人たちからは、学術の権威をおとすものと非難されるかもしれない。しかし、それはいずれも学術の新しい在り方を解しないものといわざるをえない。

学術は、まず魔術への挑戦から始まった。やがて、いわゆる常識をつぎつぎに改めていった。学術の権威は、幾百年、幾千年にわたる、苦しい戦いの成果である。こうしてきずきあげられた城が、一見して近づきがたいものにうつるのは、そのためである。しかし、学術の権威を、その形の上だけで判断してはならない。その生成のあとをかえりみれば、その根は常に人々の生活の中にあった。学術が大きな力たりうるのはそのためであって、生活をはなれた学術は、どこにもない。

開かれた社会といわれる現代にとって、これはまったく自明である。生活と学術との間に、もし距離があるとすれば、何をおいてもこれを埋めねばならない。もしこの距離が形の上の迷信からきているとすれば、その迷信をうち破らねばならぬ。

学術文庫は、内外の迷信を打破し、学術のために新しい天地をひらく意図をもって生まれた。文庫という小さい形と、学術という壮大な城とが、完全に両立するためには、なおいくらかの時を必要とするであろう。しかし、学術をポケットにした社会が、人間の生活にとってより豊かな社会であることは、たしかである。そうした社会の実現のために、文庫の世界に新しいジャンルを加えることができれば幸いである。

一九七六年六月

野間省一